主办单位：宝佳集团中国建筑传媒中心·天津大学建筑规划设计研究院·北京大学城市规划与发展研究所

建筑评论
Architectural Reviews
第三辑

名誉总编 马国馨
名誉主编 洪再生
高 志
主 编 金 磊
执行主编 李 沉

天津大学出版社
TIANJIN UNIVERSITY PRESS

图书在版编目（CIP）数据

建筑评论．第3辑／金磊主编．— 天津：天津大学出版社，2013.4
ISBN 978-7-5618-4669-8

Ⅰ．①建… Ⅱ．①金… Ⅲ．①建筑艺术 — 艺术评论 — 世界 Ⅳ．① TU-861

中国版本图书馆 CIP 数据核字（2013）第 088869 号

策划编辑 金 磊 韩振平
责任编辑 韩振平
装帧设计 安 毅

出版发行 天津大学出版社
出 版 人 杨欢
地 址 天津市卫津路 92 号天津大学内（邮编：300072）
电 话 发行部：022-27403647
网 址 publish.tju.edu.cn
印 刷 北京信彩瑞禾印刷厂
经 销 全国各地新华书店
开 本 149 ㎜ ×229 ㎜
印 张 10.25
字 数 157 千
版 次 2013 年 5 月第 1 版
印 次 2013 年 5 月第 1 次
定 价 16.00 元

目录

茶座

6 设计的境界
金 磊 高 志 孙宗列 赵知敬 钟 诚 魏嵩川
罗健敏 孙克放 吕正华 刘晓钟 刘震宇 戴 俭
贾 东 刘方磊 王 巍 雷 霆

115 口述历史说建筑
金 磊 季也清 费 麟 刘若梅 殷力欣 贾 珺
叶 欣 赵知敬 任 浩 韩振平 陈 墨

来论

35 建筑师职业生涯60年（节选） 吴观张
40 “天天向上”建筑的思考 刘方磊
44 不要为大型购物中心制造城市 王 军
50 普林斯顿地方法规对中国地域性建筑保护的启示 陈 伟
54 城市建筑随笔 丘小云
57 建筑的怪异美 叶廷芳
61 谈旧工业建筑再利用中的“过度设计”问题 张路峰
64 “传统村落”保护的发起和“另一种遗产”的创见 马知遥
70 成也萧何，败也萧何 朱光亚
74 艺术需要怎样的引领 卢 炘
76 由“特事特办”到丧失话语权 韩冬青
78 我国公共建筑外观的检讨 童 寯

“布”说悟道

82 把多一点的目光转向发展中国家的建筑明星 布正伟

作品

88 评一位“故弄玄虚”的法国建筑师 华揽洪
91 外国建筑师的试验场？ 吴 晨

目 录

人物	93	张镈大师与清华	马国馨
	96	我的三位导师	何玉如
	102	2012，永驻心头的三位建筑“先贤”	金　磊
域外	108	一次参观与两本图书的蒙太奇 ——关于博物馆建筑设计的点评	朱晓东
灾变	144	防灾减灾不可缺位教训报告	石　轩
重读	150	解析《园冶》六字真言	顾孟潮
	154	柯布西耶的创新精神永垂不朽 ——读K.弗兰姆普敦的《勒·柯布西耶》	张钦楠
编后	160	评论要改变诉说问题的视角	金　磊

Contents

Saloon	State of Design / 6	
	Oral History of Architecture / 115	
Reviews	My 60 Years as an Architect (Excerpts) / 35	Wu Guanzhang
	Some Thoughts on Higher Buildings / 40	Liu Fanglei
	Do Not Build Cities for Shopping Malls / 44	Wang Jun
	Princeton Local Regulations' Inspiration for Regional Architecture Protection in China / 50	Chen Wei
	Some Thoughts on Urban Architecture / 54	Qiu Xiaoyun
	The Beauty of Odd Architecture / 57	Ye Tingfang
	Over Design in Old Industrial Buildings Reuse / 61	Zhang Lufeng
	The Start of Traditional Villages Protection and the Creative Idea of "Another Kind of Heritage" / 64	Ma Zhiyao
	It Either Makes or Mars / 70	Zhu Guangya
	What Guidance Does Art Need / 74	Lu Xin
	From Ad hoc to Voiceless / 76	Han Dongqing
	Reviews on Outsides of China's Public Buildings / 78	Tong Jun
Bu's Lecture	Star Architects in Developing Countries Need More Attention / 82	Bu Zhengwei
Works	A "mysterious" French Architect / 88	Hua Lanhong
	Testing Grounds for Foreign Architects? / 91	Wu Chen
Features	Master Zhang Bo and Tsinghua / 93	Ma Guoxin
	Three Mentors of Mine / 96	He Yuru
	Unforgettable Architectural Scholars in 2012 / 102	Jin Lei
Overseas	Montage of a Visit and Two Books–About Museum Design / 108	Zhu Xiaodong
Disasters	Disaster Prevention and Mitigation Are Essential / 144	Shi Xuan
Reread	Six Key terms in *Craft of Gardens* / 150	Gu Mengchao
	Corbusier's Spirit of Innovation Lives forever–Reading Le Corbusier by Kenneth Frampton / 154	Zhang Qinnan
Afterword	A Shift in Perspective is Needed / 160	Jin Lei

设计的境界

编者按: 无论是城市管理者，还是开发者、设计者，在对空间的不断拓展中，在保持领先的卓越追求中，都已自觉地瞩目为本土、为社区广博主题的设计与开发建设服务。这里既有城市综合体的开发，也有面向弱势群体(老人、孩子、残障人等)的住区设计。所以，缩小公众社会的需求与展示企业创意设计水平间的矛盾需要化解，这里不仅有管理者的期待，更有社会各界回归城市与建筑本源的求索。为此，由北京城市规划学会指导，《中国建筑文化遗产》杂志社、《住区》杂志社、《建筑评论》杂志社策划承办的建筑文化茶座活动，于2012年11月19日在北京宝佳集团举行。活动以设计的境界为主题，邀请城市规划、建筑设计等领域的领导、专家，就大家所关注的内容进行交流。
以下刊登与会嘉宾发言的主要内容。

金磊（主持人）： 国内外城市规划设计的发展研究与实践已经证明：当代城市建设者既要考虑当代发展的需求，又要考虑未来发展的需要；规划设计并非为了好看和适用，重在如何体现社会责任并有前瞻视野。能够在“以人为本”的层面上，或者说设计中强调设计师的精神和境界，应该更多地强调别人的利益，考虑到社区，考虑到别人的设计，考虑到住宅，就是这样一些比较宽泛的题目。当然也可以包括为残障人，或者为老人等。应该说这是一个很宽泛的题目，我们也请了一些住宅方面的专家，大家共同展开讨论。
（中国文物学会传统建筑园林委员会副会长、《中国建筑文化遗产》总编辑）

高志： 昨天我在天大设计院开了个会，这个会的主题是关于给单霁翔院长出的 10 本书的。这 10 本书有“三个 500”：第一个，是他作为国家文物局局长在任这 10 年来，一共做了 500 次的调查，10 年 3650 天做了 500 次调查，意味着他每 6 天就得出去一次；第二个，是他所有资料整理出来，一共将近 500 万字；第三个我现在也记不太详细了。这是特别令人敬佩的事情。

高 志

孙宗列

赵知敬

钟 诚

魏嵩川

罗健敏

孙克放

吕正华

刘晓钟

刘震宇

戴 俭

贾 东

刘方磊

王 巍

雷 霆

鲁 萌

金 磊

据我所知单霁翔院长现在应该是 58 岁，当过北京的规划局局长，就这样一个共产党的行政管理干部，能在 10 年内笔耕不辍，别的咱不说，就算能抄写出 500 万字都很不容易，更别说写 500 万字是什么工作量。

我们在由衷地敬佩之余，还要提出一个问题。大家知道，中国有 5000 年文明史，在世界处于领先地位，但最近 200 年是落后了，落后的程度令我辈汗颜。中国人从 200 年前失败以后，用了 140 年的时间经过前赴后继的奋斗，直到 1949 年建立了新中国。外电报道有个预测，说是 2016 年中国的 GDP 将超过美国；另一个说法是 2020 年，目前来说还没有比这个更远的预测，那就是说将要是世界第一了。在 1978 年改革开放的时候我们的 GDP 是多少呢，是美国的 1/16。仅仅 42 年时间，我们就能从美国的1/16做到和美国平起平坐，到底是什么力量使我们扭转这一颓势？我觉得这不是简单地说我们中国人刻苦耐劳，或者分产承包，这个事没这么简单。我做过一个分析，世界上第一次工业革命发生在英国。当时英国实现了资产阶级革命，克伦威尔革命，革命之后英国建立了君主立宪国家体制，这不仅是制度的改变，更是一场技术的革命。蒸汽机给英国带来了强大的海上舰队，一时间无人能敌。所以它打通了海上的通路，就能够把世界各地的国家纳入殖民地范畴。也就是说它通过机器，占领了资源，占有了市场，所以英国就成了日不落帝国。

美国作为后起之秀，发现资源被英国占得差不多了。它不能从英国手里去抢，那它靠什么呢？因为资源已经不能再占有了，所以美国就发明了泰罗制，就是现在所说的现代企业管理，用来把人的能量科学化。美国靠泰罗制打赢了第一次世界大战和第二次世界大战，打完二战之后，美国变成世界霸主；它还想发展，就发现发展不上去了。当时技术已经到达瓶颈，其他各民族也都已觉醒，不好侵略了，于是美国陷入了一个困境。后来美国人发现了信息革命，它把它的除了军事工业之外的土地、矿山、机器、造船、造纸、钢铁等工业，统统卖给了日本人和德国人，用得到的大量资金投资互联网。美国在那10年的转换，日本人和德国人都没有察觉，美国人自己明白，在他们自己马上就要不行了的时候，从制造业、钢铁业这些领域退出的时候，实现了第三次革命，就是信息革命。

再说中国，中国为什么能赶上世界的大潮？尽管中国受了这么多年欺负，但是中国抓住了一个机会，在一个农业国的基础上，把工业革命、企业管理革命还有信息革命一起做了。正因为赶上了20世纪70年代的信息革命，中国可以说和世界上其他国家回到了同一个平台。中国把这三次革命汇成了一个。但是还有一个问题，就是往下走怎么办。中国在未来能超美国，我认为这有两个原因，首先中国的人口是美国的5倍；还有一个，就是中国的古老哲学在这里。《易经》说："观乎天文，以察时变；观乎人文，以化成天下。"中国的先贤，尤其是春秋时代所产生的思想，拿到现在统治一个世界也不算过时，所以我觉得真正能导致最后取胜的，一定是我们博大精深的中华文化。这种文化底蕴，再加上外来的信息革命，是我们在21世纪超过美国、成为世界第一的根本。

在这个基础上，中国现在所谓的建筑文化和民族精神，绝对不是一句空话。昨天单院长也提到，文物在很多地方不受重视，在中国也不受重视。我就告诉他，我们宝佳公司六大板块都赢利，就一个板块暂时还不赢利；即使它暂时不赢利，我们也要把它放在第一位，这就是我们的传媒公司。因为我相信，一个公司最终能在市场竞争中战胜别的企业，能够脱颖而出，一定是源于这个公司的文化。昨天单院长还对我说：“你就像一个传教士一样。”我记得10年前有一个杂志采访过我，记者问我说，你想成为一个什么样的人。我说，我就是一个殉道者。我们就像在崎岖的山路上默默攀行，回首望去山脚下都是我们带血的脚印，我们宁死不屈，为什么？就是我们喜欢这个东西，我们为之生为之死，以后也不会再改行了。那我们所追求的也不是一个空洞的东西，我们每天都生活在一种追求中，我觉得中华民族能追上美国的原因，一个是我们的人数优势，另一个就是这种坚定的信念。这个信念不是说要仅有马克思主义，而是说对于科技工作者，要想到给中国人争气，给中国人添彩。

（加拿大宝佳国际建筑师有限公司驻华首席代表）

孙宗列：作为建筑师做了那么多年的设计，我也总在思考境界的问题。有的时候坚持境界和务实之间，确实存在一些差距，所以谈到这里，也有很多的反思和苦恼。最近我接触了一些文化类的主题，也产生了一些思考。我们总听到说中国的经济在快速发展，拥有了处于世界前列的影响力，但随之而来的就是我们中国的文化在世界的地位，远远不及我们的经济在世界的影响力。这个问题究竟出在哪里？

我认为中国的文化要具备世界影响力的高度，其中有很多制约因素。比如说中国的歌剧，从歌剧界的人来讲，他们对于自身的定位还是比较高的。他们认为歌剧是代表一个国家文化高度的艺术类型。但是我们现在社会上的剧院类的建筑，能够为中国歌剧提供一个什么样的环境，在它艺术还原的时候，能够给观众一个什么样的感受？我们的剧院如果想要为某一种艺术服务，使之达到世界高度的话，就必须是一种量身定做的模式，这样才有可能把这个门类的演出水准发挥到极致；而我们现在更多的量大面广的剧院都是综合型的剧院，它可以演各种各样的类型。这是因为我们国家的技术发展是一步一步而来，先解决有无问题，在这个过程中，就会把各个门类里最有特点的那个部分削弱，让它先做到普及性。

在最近的设计中我们就遇到了一些有意思的挑战，比如我们有没有机会从一个艺术门类的本源出发，为其量身定做一个舞台，通过直接的交流和不断的碰撞，最终创造出最适合该门类的建筑，这样我们的艺术是不是就将更有可能走向世界水平。这种思路和我们历来的一些建筑方针的思考是有差异的。我们20世纪50年代提出的建筑方针是把适用放在第一位，认为建筑的本源就应该是适用、好用，但在新时期下，究竟建筑的内涵是不是在不断丰富？或许我们现在这个时期依然如旧，但“适用”这两个字是不是应具备更深的内涵、更广的要求和水准？对于那些陈旧的词汇，我们可能都没有什么感觉了，可是如果从另外一个方向打开感觉的话，可能我们就会获得一扇窗户。

以往我们建立一个文化设施，设计者和使用者是脱节的，往往到了建成之后，使用者来了才发现有些决策是不对的，这就非常可惜。建筑师应该考虑为某一个艺术家来量身定做一套体系，从而推动中国的艺术门类走向世界。毕竟时代不同了，现在的从艺者远不是像从前在天桥摆把式的群体，所以我们每一个艺术门类，都该获得一个专门为其量身定做的机会，从而萌芽出新的表现形式。

据我所知，欧洲的瓦格纳作为作曲家、艺术家亲自决策了他自己的剧院，这可能是最适合演他的剧目，并体现他的艺术追求的剧院。大家都知道乐队通常要放在乐池里，而演出是在舞台上的，这时候就出现了一个矛盾。瓦格纳自己作为一个艺术家，果断要求把乐池封起来，让音乐声通过另外一个通道传播而不是直接指向听众，这样演唱者的声音便可以更直接地让观众去感受。但是后来这个剧院因不适合演其他的歌剧，而被他的儿子通过基金会做了改动，通过把封住的墙壁钻了很多孔，使得乐团的声音出来得多一些。不过再后来有种说法是出于保护的目的，瓦格纳原来的作品是不应该变动的，就又把那些洞给封住了。

中国在20世纪50—60年代经济建设初期，娱乐活动还很匮乏的时候，建一个文化设施就已经很困难，而作为歌剧，不同语言的清晰度本身是不同的，所以对于厅堂的控制也是不一样的。有一些艺术家认为歌剧是用音乐来表达戏剧的艺术形式，他显然是把音乐摆在了歌唱和表演的前面，那他的厅就应该更像音乐厅才符合他的艺术要求。而有一些则更注重文字，或者还有一些更偏向传统的剧院。这种种的可能性是对我们设计的判断，是在目前我们的经济水准有一定基础的情况下，要探讨我们的建筑如何为我们的文化做更高水准的铺垫。这中间也包括了建筑师和设计团队的有限的理解，也包括我们剧院的规范等一系列的制约。大概这就是我的一些小小的体会。

（中元国际工程公司首席总建筑师）

赵知敬：胡锦涛总书记的十八大报告给我们建筑师和设计师提出了很高的要求，人民向往的就是我们的责任，就是我们的使命。从这个意义上来说，我们真的应该检讨。人民向往的东西很多，而我们做得还不够。但是现在的社会上，检讨的人太少了，就像我之前看到报纸上印着一张蓝天的照片，意思是说我们做得很好了，美丽首都实现了；可这根本不对，蓝天下还是污染。这种检讨的声音应该能够传开，让老百姓能听到这种声音。

说到刚才的那个音乐话题，前两年有个唱江姐的金曼，她要编个歌剧，她要唱武则天。她想找人去编剧、编曲，她甚至还想盖一个剧院，所以她当时也来找到我。起初她想找一个唐风的公园来布置这个剧院，后来她成了北大的教授，她也搜集了好多材料，想在北大里建，但是北大地方也不够大。我觉得歌剧院选址应该不完全在乎和城市的距离的，外国人听莎士比亚的歌剧，甚至可以坐飞机去听。当时我给她选址就选在了亦庄，就在北京和天津之间，那里搞一个大公园，中间放一个剧场，有点像深圳世界之窗那样的格局。如果像孙宗列刚才说的那样，这样一个建筑就是为了某一台戏量身定做，以后很多年也主要演出这样的剧，那中央应该很支持，去拨款，让建筑师专注地去做出这样的东西来，把中国的文化真正体现在里面。

我今天还想谈谈这个行业的事情。我们中国的建筑师几代人的努力到了今天，我们不仅仅是 60 年的历史，很多建筑师像梁思成等，都是新中国成立前的人，我们现在的建筑师究竟要怎么继承和发扬这个历史？之前北工大的老师问我说，我们在教学上究竟应该怎么继承和发展我们的历史？学生们一听张镈，不认识；张镈有什么精神什么思想，有什么作品，不知道，那我们还怎么去继承发展。一点资料也没有，书也找不到，都是零七八碎的东西。建院的老建筑师宋融，也是很资深的建筑师了，他去世后就有本书来记录他；从前他被打成“右派”，后来他又入了党，他的经历特别丰富，所以这本书记录起来就特别自然。在住宅设计上，宋融有很多贡献，可以说他有他的职业亮点。但是给每个有亮点的人编一本书，就不是那么容易。如果把很多有亮点的人凝聚起来，将是一个更好的题材。

我当规委主任的时候，就跟北京电视台的台长说过，建筑师为城市做了那么多工作，为什么不能给宣传宣传。于是当时春节的时候就给我们策划了一台戏，很多建筑相关的从业人员都上台了。我觉得这不仅仅是宣传这些人，我们的历史没有人去详详细细地写一篇文章，我们的设计院，没有什么节目能够在媒体上赢得关注，我一直也想给建筑师拍一部电视剧，即使到现在我也不死心。这不是我们某一个设计单位的事，而是关系到这个行

业的发展，老中青几代建筑师的继承和发展。谈到好多已经过世的中国老一辈建筑师，像戴念慈、陈登鳌、林乐义等，这是一份光荣，就应该有一个雕像放在那里，就应该让别人来了解这些东西。

建筑行业的影响力真的缺乏宣传，原子弹爆炸有人宣传，钱学森当时也拍了一部电影来记录呢，而我们很多建筑做出的奉献却得不到社会上的赞扬。有的建筑师即使被打成“右派”，还是在加班加点地工作，知识分子活该这样做么？我们不应该这样对待为我们国家做出贡献的人。以前建筑设计院困难的时候，院里的很多人都住的是一间屋子，家里还有孩子，他们真正的成果都是在家里画出来，而不是在工作的地方；有时候冒出一个灵感，就抓住了。当时一张桌子，两口子都要抢占，孩子还要做功课。从前夏天的时候屋子里热，画图的硫酸纸胳膊一放就卷了，想要空调但是没电啊，当时我是规委主任，我就去找供电局给我们电，不然这个没法画。这些个历史里面承载着一种精神，不应该就这么被忘记。很多知识分子在我们行业中体现出的精神非常可歌可泣，我觉得是值得好好宣传的。

现在有关部门说，一个设计院没有外国人跟你合作，那不行，这又是为什么？莫斯科现在做城市规划，还请的是我们的规划师去做顾问的。放在20世纪50年代，这得等苏联专家来教我们，可现在他们也承认说他们自己不行了，有很多理念落后了，就得让咱们的规划院出人去交流一下，这难道不是标志着我们的成长，我们的进步，特别是我们现在的能力被外国人所认可？

外国人在中国的设计就一定好么？有一次中央台的记者采访我，我跟他说，现在中央台就不敢把镜头对准他们的这个新楼，不敢把新楼作为中央台形象的代言，因为它不具备这个素质。再说我们的国家大剧院，我之前还去看过悉尼歌剧院，它里面也是三个分剧院各自独立。其中一个剧院有演出，就空调、灯光开着，其他两个都黑着。我们这个呢，一个大空间，空调灯管全都给开着，完全是不合理的设计。当时我们中国人自己的方案就很精彩，就是分开的三个，每个之间有自由通道连接，首先就做到了实用，而且可以与天安门广场融为一体。

关于本土设计师怎么解决社区文化问题，我们院出了一本讲北京城市规划科普的图书。这书不厚，但是毕竟是第一本，不好弄，我们编了两年多终于完成了。我们城市规划到今天才有这第一本科普类图书，目的就是要告诉老百姓什么叫城市规划。城市规划解决的是老百姓的事，但是老百姓不了解城市规划；老说让公众参与，可他不知道参与什么，如何参与。老百姓只能参与他家门口挖坑了，危害他利益了，别的东西他参与不进来。我们在规划展览馆里展览的规划住宅，图画得太小，老百姓看不懂。留言簿上写的，大多是和展览没关系的内容。所以我们对于这些在社会上的宣传很不够，这里面有好多民生的问题。

奥运会之前，我们给汇编了一个胡同的整治指导意见。过去我们的胡同整治，就是拿青灰一刷，这一条街就刷出来了，到处都一样。但是这次我们就说这个不能一样，每个胡同的风貌不能给破坏了，你别看那些白墙上淌着珠子，这就是风貌，要全都给刷平了刷白了，这就不是老北京了。前门大街也是这个问题，都弄上新材料了，电线杆子没有了，沿街的门店招牌都漂亮了，这就不是以前的风貌了。所以我们在奥运会之前就按照这个整了600多条胡同，好多花市那儿的胡同，“文化大革命”时候用泥抹起来了，现在我们又给它抠出来了。

我觉得今天的很多事情，都应该按照十八大精神去落实，这不是口号，十八大很具体也很精彩，所有的事情，都应该贯彻生态文明建设。现在形式主义、官僚主义的东西太多了，我们很多的环境建设，很多的社区建设都不够好。现在说的实用经济美观，很多也不是我们建筑师所能为的。

（北京城市规划学会理事长）

钟诚：我原来在中国院和北京院都工作过，现在在一个比较小的单位工作。我的工作经历给我带来的感觉就是，在中国院和北京院做的设计都比较大，比较高档，都是国家级别的，都是 5 万平方米、10 万平方米、几十万平方米这样。但是现在去的单位比较小，项目规模也就比较小，5 万平方米就算大项目，几千、几百平方米的是很普遍的，所以我觉得中国的这种地区发展的差异还是非常大的。人均的 GDP 占有量和人均的财富也是非常有限的。因此在很多的设计上，我认为建筑师的责任还是坚持实用、经济、美观这些基本的东西，虽然是早在五六十年前提出来的，但是在现在它依然有很强的现实意义和指导意义。

在奥运会之前，北京建了一些大家都耳熟能详的项目，比如中央电视台、“鸟巢”、“水立方”。这些世界知名的项目从建筑师创作的角度来讲，不失为一个好的作品，但是从国家的整个综合考虑，作为一个系统问题来讲，还是存在很大的问题，这其中尤以经济问题最甚。就像刚才赵主任也说了，国家大剧院和悉尼歌剧院相比，出现的浪费现象有不少；还有央视大楼，在经济上也有很多问题。所以我觉得中国建筑师的第一个责任，还是要坚持“适用、经济、美观”。

我们建筑师在实际工程当中，其实碰到了很多现实问题。我们在业主面前，在管理者面前，社会地位和话语权很低，影响力也很弱。我们有很多理想、很多追求，有很多建筑师也有很高的造诣，但是他们的作用在很多情况下无法发挥。究其原因，大概与我们的管理模式有关，跟我们的整体国民素质也有关，跟我们开发商的整体指导思想也有关。所以我认为建筑师的第二个责任，就是应该大力地宣传。我们应该宣传我们建筑界的一些老前辈以及有成绩、有造诣的建筑师，使整个社会认识到我们建筑师这个群体，他们在想什么、做什么以及他们能够做出什么。通过这种宣传，提高开发商、管理者和使用者对建筑的认识。这些群体当中有很多对建筑本身的认识存在偏差的，就造成我们在做设计的时候，跟业主、管理者以及使用方的沟通变得十分困难，效率也很低。

我觉得中国建筑师的聪明才智是不输给任何国外同行的，有两个例子可以证明这个问题。首先就是我们 2008 年奥运会的开幕式，大家有目共睹，那是完全中国式的，做得非常精彩，赢得了全世界的喝彩。其次是 2010 年的上海世博会，虽然其中很多建筑是国外建筑师设计的，但是它的整个规划和整个开幕式的组织管理以及蕴涵其中的中国文化，我觉得也是可圈可点的。之所以我们目前处于劣势地位，我认为是管理者、开发商对我们中国建筑师当前真正的水平不够了解，不够相信。

我们公司手上有几个超高层的投资，是我们自己投资的项目，我们自己的

设计院要做，但是人家就明确地告诉我们，要找国外的设计院、国外的建筑师来做，而且要找贝聿铭这样的人来做，因为他就只听说过一个贝聿铭。所以本土这个东西，和前面谈到的内涵是一个因果关系，我们的宣传、科普的责任没有尽到，所以说建筑师越来越难得到尊重。国内高端的方案都是国外的建筑师在做，我们的设计院在下游做施工图，最后设计费的70% 都被外国人拿走了，我们只能拿 30% 甚至 20%。这样的事情，我想应该是中国建筑界的一个悲哀吧。

我们今天召开的这种会，就是一个舆论上的平台。它既可以促进我们建筑师之间互相的反省，也可以让老百姓们通过媒体了解到我们的建筑行业。建筑这个行业其实不是一个高科技含量的行业，但是老百姓好像对它了解甚少。这当然有我们建筑师的责任，但是我们建筑师的责任不仅仅局限于这么微小的领域。

第三个谈谈为社区。社区这个概念也是一个很好的题目，因为只有住宅建筑才能够真正让老百姓最直接地感觉到生活受益。在这一方面，我们整个建筑界产业链因为经济目的的驱使，都绞尽脑汁去做很多贴近市场的、能满足老百姓需要的生活产品。即使现在开发商和老百姓对于市场的理解和挖掘方向是正确的，但依然有所不足。究其原因就是他们还有很多历史局限性，他们在文化层面和一些更深层的东西上还欠缺考虑。

建筑师对于社区其实也有很重大的责任。虽然在实际当中，我们由于坚持一些观点，常惹得开发商很不高兴，但如果说一点不坚持的话，也不是建筑师的本色。

建筑师今后在做社区规划的时候应该要从更人文、更经济、更宜人、更高效这几个方面发挥我们应有的作用。更人文就是在社区里面能够考虑到以人为本的人的需求，让这些需求更突出、更容易引起人们关注。更经济就是在整个建筑材料的环节当中，要向节能型的、低污染的、环保型的方向转变。更宜人是说我们要通过政策、技术以及社会各界的共同努力，营造一个天蓝水清、树绿花红的环境。最后更高效就是实现有效资源的合理运用，对于很多不合理指标的变通和弹性把握要有很好的度的把握。

（中交水运设计公司总建筑师）

魏嵩川：责任和本土社区本来是我们建筑师最基本的东西，就好像规范一样，但是现在却变成了一种境界，这就有点悲哀。我们建筑师这个群体，不是为了领导，不是为了开发商，也不是为了自己的名和利，真正的建筑师确实应该是为人民的。

自从上次受伤拄拐走路，我就发现北京这样一个无障碍执行得比较好的城市，对我来说都到处是障碍。我的轮椅很多地方都摇不上去，那个坡实在太陡，停车位按规定也是要有残疾人车位的，要离出入口近，而我每次从车上下来却要一蹦一蹦地走好远。这些确实存在问题，有我们设计的问题，也有城市管理的问题。

因为工程的缘由，前一时期经常去延庆，我看到延庆那边好多边远的村落都荒了，农民工进城了，原来的旧村改建就相对集中，于是造成很多荒废的房子放在那里。李克强曾在访谈中讲，城镇化将是我们未来 20 ~ 50 年之内非常持久的经济拉动力。而对于城镇化核心手段的讨论，就让我想起了一个面积仅 2 平方公里的江苏小镇的规划。它的规划叫“一元两核三片区”，然后还搞了一个 CBD。这种贪大求全的规划完全违背了以人为本的思想。我们在延庆发现的那些荒村，如果能够略加改造，就可以变成一个个非常生态的，无论是居住还是旅游都非常好的题材。但是由于我们现在的城市化进程，大家的思路变得非常唯一，而且又非常概念化。比如北京的规划叫两轴两带多中心，结果弄得全国现在的城市规划都要总结出一个顺口溜才算好。这些问题都源于城市规划师和建筑师放弃了本职的责任，而去追求一些形式主义的东西，而且这种形式还没有经过思考和创新，从而丧失了设计本源上的东西。这也从另一个侧面告诉我们，我们应该怎么去避免这种情况的发生。

这几年我自己做海外项目做得多一些，也去了一些很穷的国家，比如尼日尔。尼日尔的人均GDP不到200美元，到目前还是世界上最穷的地方之一，一场饥荒可能全国要死十几万人。我去了那里以后就觉得自己很崇高，你说这是为本土么，其实这也是，因为我们是去给中国的医疗队建宿舍。中国医疗队从20世纪50年代就被派到那里，一直就租当地的民房居住。而那些民房老鼠、蟑螂什么都有，脏乱异常，大夫们也得了不止一次疟疾。整个尼日尔，离开首都出去10公里就没有店了，整个首都也缺乏城市基础设施，很多地方甚至都没有下水道。但是通过翻译跟当地人沟通我就发现，他们还是有挺高的幸福指数。他们整个一个村镇会由三种建筑构成，一种是住宅，一种是粮仓，还有一种就是清真寺。晚上从公路上路过，就看到一个个小村落，是非常感人的一种场面，因为晚上也没有娱乐，也没有电，就看人们都拿着一个小手电，然后每人拿着一本古兰经，在教堂前面围坐，来听讲经。最后大家一起念，一起祈祷。给我们开车的司机每天要有5次礼拜，一看到时间了就会将车停在路边，下车拿一个毯子铺上，用很珍贵的水洗洗手，做完祷告我们再接着走。他们都有宗教的意识，每个人都非常友善，见到中国人也都特别客气。你说他们的需求是什么呢，是CBD，还是一元两核三片区，还是别的什么？其实他们的需求就是他们的房子牢固。因为他们也没有建筑师，房子就是拿柳条绑好，用泥糊上去的，这一年如果没下雨房子就算保住了，下一场大雨全村就没了，然后再继续糊。

我们国家其实也有很多类似的地方，包括我们在玉树做北川的一些项目，那里很多地方的生活条件比尼日尔强不了太多。习主席也说，我们始终不能离开我们社会主义初级阶段，这是中国最大的一个命题。别看我们现在有CBD了，有“大裤衩”了，我们也可以花这么多钱就盖这些建筑了，但是人民群众真正需要的建筑，我们作为建筑师又参与了多少？

我们在尼日尔的三个非常边远的城市做了三个小房子，我觉得还是对得起建筑师这么一个称号。我觉得这种所作所为更体现出了一种责任。这是建筑师应该做的，是基本的责任。

还有一个项目是我们在委内瑞拉做的。南美这个地方很多专家也可能都去过，贫富差异特别大。像里约这种地方，CBD等各种设施都非常不错，但是当地的平民就都住在山头上，而且还是那种漫山遍野的垃圾山，房子都是一个摞一个的。整个住区是一个月供一次水，电也是说断就断了，山上的治安很差，刑事案件也非常多，经常会出现枪击和抢劫致人死亡。他们的总统查韦斯为了改变这种情况，就把石油出口给中国，由中国帮他贷

美元，帮助他建立新城镇，再把贫民从贫民窟搬出来。我们作为中国的联合建设团队，就去做了其中一个项目的设计。

那个项目也还算比较大，有106万平方米，在首都加拉加斯。他们实行土地私有化，所以是用的军队的用地，那块用地就相当于我们的玉泉山。这个项目的建设，得到了当地人非常多的欢迎。我们在那儿做了一个很大的沙盘，还做了一个样板间供平民来看。每间只有65平方米，但是功能非常全，因为那个地方日照通风都很好，再加上气候也非常宜人，所以不用太多的成本投入，就能做到舒适的程度。很多当地老百姓抱着孩子来参观，还学了几句中文，我们也学了些西班牙语。有时候我们过节，就邀请“居委会”，让“居委会”大妈选几个群众代表到我们驻地来活动一下。我们就在这个过程中问他们，现在给你们做的这些房子，你们还有其他要求么。他们也会提出很多的想法，这个就是边设计边和使用者交流。

从尼日尔到委内瑞拉，能够帮助这些弱势群体去改善他们的生活，从而促进社会的进步，在一定程度上创造就业机会，其实也是我们的一部分责任。

这些项目虽然都在海外，但从我的理解，这也是我们所说的为本土的一部分。中国建筑师现在在委内瑞拉很有地位，我们去的话都是他们的住房部部长、副部长直接接待，他们很多专家与我们一起讨论方案。和我们一起在那里的还有俄罗斯人、白俄罗斯人。俄罗斯人还坚持了一段时间，白俄罗斯人早就撤退了。他们的规划总体就显得特别陈旧，我曾经看过一次，就感觉他们那个设计就像我们百万庄小区那个感觉，全是一个一个的围合，比较机械。而城市基础设施的规划，也没有一个大中小的概念。我们的规划初步来看非常成功，这主要就是源于我们在中国几年来对于居住、城镇化方面积累的经验。而且我们也提供了水处理、发电、垃圾处理，包括公交系统等一系列内容。在援建委内瑞拉的那么多国家里，他们的部长就对我们说，工程设计做到这么完备的真没有，你们中国人很了不起。

通过这样一些活动，可能不会给我们带来什么经济利益，也未必会给我们带来更多的名声，也上不了杂志，只能得到当地老百姓的支持，但我觉得这种满足感是不同的。

再说到刚才十八大的主题，在下一届政府的城镇化工作中，我们建筑师大有可为。但是如果我们不转变思想，不去除很多条条框框，那还是为名为利，为了长官意识去做，而不是真正为了人民的需求去做。城镇化的道路上有很多很多创新点，大家在美国看到他们的小镇，就会觉得他们的大城市并没有太多意思，反而那些小镇会让人觉得非常舒服。所以在下一轮次的城镇化运动中，我觉得规划师、建筑师如果本着为责任、为本土、为社区这样一个境界去努力，那我们下一轮次的城镇化建设，就能够与以往有所不同，能够像刚才赵主任说的，提高人民群众的幸福指数。我们在海外可以做到的，我想我们在国内也一定可以做到。

（中国建筑设计研究院建筑设计院副总建筑师）

罗健敏：前面的几个发言我觉得都不错，一个是赵主任呼吁在人民当中普及城市规划的知识，一个孙总在搞文化建筑，已经慢慢深入到不仅仅是演出建筑四个字可以概括的范畴了，还有一个打到美国佬的后院去，团结当地老百姓，我觉得这个意义非常大。

我觉得咱们中国人对中国这个国家的认知和评价，很多都非常矛盾。一方面我们国力的增强确实让人非常振奋，中国近 100 多年来，从“贫弱”两个字做起，总量现在能达到世界第二，平均咱们还有差距，先不谈，至少我们已经有了发言权。另一方面我们为了达到这个水平付出的代价也非常高。我们土建行业的建筑师，盖了这么大量的建筑，占了那么大量的土地，花了大量的资金，用了大量的时间。土地用了不能再生，时间过去也不能再有，我们的这样一个发展阶段也不能再重复，这是一个历史的概念，这上面的意义远远比资金的投入更重要。

在这个过程中我们的建筑量确实也是非常大的，但是建筑学上的进展乏善可陈。最让我糟心的是，我们这种茶座活动，每次大家的观点基本都是一致的，基本都是有共识的，也就是说大家都想把中国的建筑师做好，都想把这个事业搞好，但是，这里还有许多许多的问题。

当年我进规划局的时候，赵主任已经是组长了。而且赵主任在规划局从 20 世纪 50 年代开始，经历过苏联专家，讨论过最初的北京市总体规划，一直到计划经济转为市场经济，再到现在十八大我们准备迈入新阶段，我们想要建设美丽国家，这个全过程他全部都参加了。所以让他来写北京城市规划的历史，真的能写得非常完整。刚才赵主任提到的很多问题，我觉得都是强调了很多次的问题，对于这些问题的解决，我就想提点建议。

第一个建议就跟赵主任做的有关，我记得上次我跟李沉说，咱们应该在大报上，在中央电视台、北京电视台等大的媒体上普及建筑知识。我之前在法国的时候就发现，法国人吃饭的时候好聊天。反正西餐是一道一道上，很多人就腾出时间来说话了，而且一定还要有酒。这个过程中他们什么话题都谈，而谈得最多的就是城市，建筑。最令我惊讶的是，所有各种行业、各种身份的人，说起一些著名的建筑都有他们自己的一套看法，一套理论。就拿卢浮宫来说，有的人就说这东西太不好了，还是应该做出跟周围呼应的古建筑；也有的人就说，你再做出来也是假古董，没有意思，做新的才是对的。有的人说金字塔和周围的轮廓线没有关联，也有人说这个形式是对周围轮廓线影响最小的方案。讲这些见解的人往往是电车的售票员，或者是操作咖啡机的妇女，他们都不是建筑师。这就让我想到，要是现在在街上找 1000 个人，问他知不知道人民大会堂是谁做的，历史博物馆、民族文化宫、首都机场、天桥剧场是谁设计的，我敢保证没什么人知道，那些知道的都算高人了。

还有一点也像赵主任说的，我们家当年就是那个状况，我听他说的时候我就觉得很难受。当年我们家一间屋子，我们一家四口住了 18 年，女儿 18 岁，儿子 14 岁，就在一个没有厨房、没有厕所的屋子里。当时 17 户人家共用一个厕所，里面还只有俩蹲坑。那个厕所男女不分，谁进去之前都要敲门，最尴尬的时候就是你要敲门正好里面一个女同志出来，非常难过。可是就在这种居住条件下，我和我爱人当年设计了 40 万平方米住宅，自己却 1 平方米都没捞到。就是在那个条件下过来的，怎么当年就那些唱歌的人一炮走红，我们这些累死累活做民生的建筑师反倒没人管。我们自己要宣传自己，但是更重要的是让政府认识到建筑师是一个什么样的群体，建筑师在做什么，那些国际上不断出现的一个个城市的标志，到底是由什么来代表的。巴黎我们看到的是铁塔，悉尼是歌剧院，包括罗马的、纽约的，这些都是建筑物，都是建筑师做出来的东西，而且当我们谈到文化的时候，最重要的文化载体也是建筑。

但是看看现在呢，报纸上大篇幅的住宅区介绍，开发商、承包商、施工方都写得一清二楚，唯独不写设计者是谁，建筑师的名字不在上面出现。所以我认为要在各种重要媒体途径上，宣讲建筑，普及建筑知识。我们 1956 年上学的时候有一句话就叫做，提高大家的建筑觉悟。不过这句话在 1958 年被批了，认为建筑师太狂了，还想提高别人的觉悟。实际上我现在想，提高全民的建筑觉悟很重要，这是我的第一个建议。

我的第二个建议也是刚才赵主任讲的。我希望能给全国各省各市、地、县、区、乡镇的行政领导者们开一些启蒙课。我觉得他们除了要搞自己的业绩，应该也对怎么样建立城市、怎么样建立国家有一个基础的了解。这些年我走了很多县，不知道在座各位有没有发现哪个县委大楼比北京市委大楼小的，反正我是一个都没找出来。我进北京市委大楼，扶着那个大理石扶手的时候，都会想起华揽洪当年提建议，说这个东西太豪华了，不应该用，结果他被打成了“右派”。而我现在到的那些个县委大楼，都要比北京这个还豪华、宏伟得多。那个楼前面一定有一个大广场，一定在一个中轴线上，而他们的其他规划存在的问题也非常的多。比如有一个县城只有 10 万人口和 2 万汽车，堵车堵得厉害。才 2 万都能堵起来，那个城镇怎么管的？如果连这点事都不管，我们现在提出要建美丽中国，要城镇化，这两个题目实在让人又兴奋又担心。

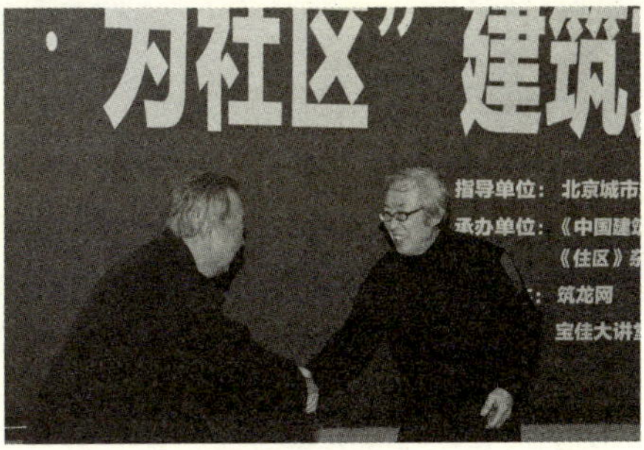

我担心我们对现在这个城镇化如果不正确地解读，一定会造成新一轮的土地、资金、时间、人力的浪费。前些天我们在做宜春的规划，这是个小地方，城镇化率 86%，但是经济非常落后，人均 GDP 非常低。它的城镇化率能这么高，就是因为伐木工人被算做城镇人口。如果把他们算做农业人口，它的城镇化率马上就掉到 19%，所以这个 86% 完全是我们给它算成这样的。也就是说，要是政府就为了追求这么一个数字，把农田旁边的老百姓都聚集到一块儿，给他们盖个楼，让他们上个楼，最后他们生活反而不方便了。

这就是我刚才之所以要说，我对咱们祖国的认知非常矛盾。我觉得这个过程很令人兴奋，又令人担忧。有一次我和赵主任说，咱们现在开发的量这么大，会出问题的。他就跟我说，不这么开发哪来的钱搞奥运会啊。这句话也对我启发很大，如果我们不盖这么多楼，不弄这么多汽车，如果我们把这些都压到那个合理的标准上，我们的 GDP 总值一定超不过日本。咱们现在的经济量上去之后，回过头再来整理，说不定也是一条路。所以我一方面为这个担忧，一方面也希望大家为这个事情去努力。

赵主任现在主任也不当了，我也已经退休十好几年了，可是给我的感觉，做建筑师，一个人只有一次太少了，不够。如果还有下辈子，我还上原来的母校，我还选学建筑。这个职业真的非常好，既搞技术又搞艺术，而且为社会造福。

（宝佳集团顾问总建筑师）

孙克放：昨天在报纸看到，崔永元在做一个东西，叫口述历史。我就想提一个建议，我们国家老一辈建筑师很多现在都不怎么出来了，他们也没有意愿再去提笔写一本书出来。但是我们可以给他们做口述历史，我们中国有这么多建筑师，光大师级的就有很多。说到口述历史，当初西南联大有1100 多人，现在给我们剩下的时间都可以以年计算了。等到我们把这些人都采访完，他们估计一半人都要走了。就光说北京院的很多老人，对北京乃至全国的规划建设都有很深的研究，这其中就有非常多是值得记录的。我非常同意刚才赵主任说的，建筑师应该有一个传承，前人留给后人的东西，是关于建筑师的品德、智慧历练的一种财富，而我们很多下一代建筑师缺乏这种历练。当今一线的建筑师很多也都是在大院里一代一代培养出来的，可是年轻建筑师们没有这个传承的过程，于是他们失去了很多东西。这是我想说的第一点。

然后我给大家念一下我曾引用过的贝聿铭说的一句话，我觉得咱们研究房子研究这么久，但这句话说得是最好的。他说："房子给人带来最大的收益莫过于生活收益，中国人选择住宅，凝固着人们的欲望、感情、审美、希望和追求。对于中国人来说，房子是社会和生活的资格证书，是选择不同生活方式的门票。"买房有多种途径，有多种目的，但是回归到这上面，多种目的的最终还是生活收益问题。那我们的房子现在能不能适合中国现代化的发展，能不能适合老百姓生活的变化？

我觉得现在这个问题都有点无从谈起了，因为我们很多的房子都是快餐。中国现在到处都是快餐，快到让你没有时间没有机会去把一个菜做好。快餐文化、快餐生活，最后变成快餐建筑。中国的公安局盖得都跟国会大厦似的，恨不得都盖成一个模样，这就是严重的快餐。现在的开发商，拿地3 个月就要开工，这让建筑师谁受得了。所以建筑师把所有的会所全拷贝了，你要会所，就给你放这里一个会所，会所都弄完了，开发商就把房子都给标准化了，没有什么创造的余地。这种快餐建筑大大地影响了中国的品质，中国的建筑品质在这种快餐文化当中退化，这也造成在大型建筑的设计领域，中国建筑师被边缘化。大型建筑在全国各地的设计，基本都被外国人拿走了，但是外国人设计的不一定就都好，有时候需要设计一个办公室，他能给你做得跟展览馆似的。

再谈谈绿色建筑。绿色建筑师这个概念是美国建筑师提出来的，绿色建筑的主力也应该是建筑师。在我们去美国的时候就发现，人家的绿色建筑机构组织的 10000 多人里面，一大半都是建筑师。可是回头看看我们国家，绿色建筑委员会里面全都是研究机构，建筑师很少。我本人虽然是里面的成员，但就是挂一个名，什么活动也没人找过我。上次好不容易去开一个会，发现上台讲的都是年轻人，好多还是刚毕业那种。我觉得绿色建筑不仅仅是节能的问题，应该还有好多内涵在里面。假如说中国现在要发展这个领域，建筑师应该可以做点什么，而不是被忽略到被动参与的地位。

我们跟美国建筑师协会交流的时候，他们还有一个运动叫新城市主义，其内涵就是回归城市。这跟咱们中国的概念还不太一样，中国的概念是发展城市周边地区，而人家现在要让旧城恢复活力，是一个复苏的概念。想想看，美国在人均 3000 美金的时候，它的城镇化率是 70%。中国现在人均 5432 美金，我们的城镇化率只有 51%。我们要按李克强总理说的发展到 65%，这还有 15 年的时间。

房地产还得至少再搞 15 年，但是现在就必须要开始反思之前的经历。中国的城镇化率的提升速度为什么拉不起来？我举德国和日本的例子来说明。二战之后，美国保留了德国的工业；日本人被扔了两个原子弹之后马上投降了，其工业也没受太大打击，所以这两个国家在战后 10 年时间全恢复了。它们在恢复之后靠着强大的工业实力大量吸收农民进城，实现了较高的城镇化率。中国的工业化到现在还没完成呢，而中国的农民又太多，这就导致中国的城市没有足够的力量把农民拉进来。所以中国现在要从基础做起，稳一点，降低一点城市化率提高的速度。

第三点我想说说对于自己文化的坚持。我们最近研究百年建筑，其中一个课题叫做百年建筑与文化。为此我查阅了大量的资料，后来我就觉得，在这方面我们和国外的法制和规定相比，确实有很大差距。比如法国 100 多年前的整体规划，到现在依然沿用。而我们国家的北京，也就两条中轴线保护得不错，到景山上去看一下，就发现景色完全被破坏了。一个国家大剧院，说不好听就像坟包一样，完全跟周围的建筑没法融合，而且体量大到在任何地方都能看见它，照相都躲不开它，就这么把中国文化精华融合的一个地方给破坏了，这在外国是不可想象的。这就是中国没有坚持自己的文化。

我们上海世博会的东方之冠就完全抄袭了日本的东西。虽然人家日本人没有提出这个问题，但是我们不应该将它当做没发生。同样是世博会的国家馆，那就正是 1992 年安藤忠雄设计的东西啊，我们的设计把人家安藤设计中间的那一部分拿了下来。就算现在还没有人说这个事情，那以后呢，以后的人看历年世博建筑的时候，看到了我们这个作品，人家会怎么想。所以说中国的建筑师如果不能从自己的文化里找到灵感，这是个悲哀。我当然也不是说用洋的东西就全是坏的，但他不能这么具象地把别人的东西拿过来，我们的很多建筑师实在是失去了很多东西。

其实包括胡同在内，很多我们现在逐渐舍弃的东西，都是我们的文化所在。有时候有文化底蕴的国家反倒是对文化不太重视，埃及也一样，好的东西毁了不少。而美国没有文化，加拿大没有文化，反而它们对于保护的注重就令人叹服，一道破墙都能保护得很好，这是不可想象的。而且它还运用很多现代化的手段去保护，这要是在中国早拆了。科学发展观很多东西确实提得很好，贯彻起来的时候，却有好多东西违背科学发展观，中国不能总做这种事情。

（住建部住宅产业中心总工程师）

吕正华：我们中国的规划师实际上是非常不容易的。一个不容易就是我们受政治的影响相对来说比较多，就好比国外的市长是不会去干涉建筑师做的具体东西的。而另一个更大的问题，我想就是我们国家整体的艺术普及教育。我们平时抱怨领导没有欣赏水平，开发商没有水平，实际上是一个整体教育的问题。比如说外国学校的美术课是在博物馆里面上，大家盘腿坐下然后欣赏大师的作品，而我们这里即便专业人士，去美术馆的几率都不是很高。所以说若想让全民有一个基础的艺术欣赏水平，我觉得很难，因为即便是我们大学里的建筑教育都不是很完备。刚才大家说到我们国家 GDP 近年来快速增长，然而我们的教科书，我们的大学课程的设置，和经济的变化与社会的发展节奏比较真的是格格不入。

还有一个问题就是建筑工业的发展。我们今天建楼和 20 世纪 50 代建楼相比进步了有多少，我们工业化的程度又体现出了多少。我们很多管网、水电等的施工方式的变化，无非就是高度增加了，建设速度增加了，但实际上还是有很多方面都处于一种非常原始的状况。建筑水平的推进和提高，不能只靠建筑师，而是有赖于整个行业的发展，整个行业的推进和建筑师的水平应该达到同一个层次。或许很多人都在国外看过，那里一个小楼的建设，包括管网设施、地热等技术都非常方便，操作起来也简单，这些东西的同步发展也是建筑行业最迫切需要的。

再比如说外墙的材料，国外现在基本上都是复合材料了，我们却还是一层一层地贴，今天说防火层，明天说隔热层，实际上这也是建筑整体行业关联不到位。我们喊了这么多年节能，但实际上我们的采暖费完全没有降低。我们强调了这么多年的节能建筑，可最后到底节能与否，我觉得不仅仅是我们设计本身的问题。

刚才大家都提到规划，我想很多问题不在于规划设计本身。比如美国的社区规划是非常严格的，他们的社区一定要有学校、图书馆，有配套的文化体育设施，它的房地税的收入就直接运用到它的社区的公共配套设施建设当中。而我国目前还没有这个社区概念，所有的设施都在商业化，就导致只有有钱人能去享受。实际上中国最开始是有居住区理念的，但是根本问题是在管理体系上越走越远。这里头有太多问题不是规划设计本身的问题，更多的是国家层面的法律法规和管理体系层面的问题。就好像公厕、垃圾站这类东西，这些东西没有的话很不方便，可究竟要由谁来负责？我们做小区规划的时候很多这方面的东西是有考虑的，但审批完了之后，这些东西就全都没有了。所以我们更多地还要呼吁国家层面的法律法规的健全，来保障体系的完善和公共利益实现。

（沈阳市规划设计研究院副院长）

刘晓钟：作为一个建筑师来讲，或者一个城市的管理者也好，心态首先要平和，或者叫平衡。如果心态不平衡，那他做每一件事情的时候都会浮躁，就会产生很多不同的想法。我们国家目前处于一个快速发展的阶段，实际上本身就存在了很多浮躁在里面。如果一个人或者一个企业能够很沉淀很踏实地，实事求是地去做，那我觉得无论在行业中也好，在市场中也好，都不会有问题的。

之前有一个网站邀请我做评论人，就评论中国最差的建筑。这个项目它已经做了一段时间了，也有很多业内人士在帮它做。但是我觉得作为一种文化，你可以说它好或者差，但是不要轻易去评这个“最”字，这样弄得建

筑师都不敢做设计。从审美本身的认识上来讲，建筑的形式就是要有所偏差，作为一个创作和发展的时代，就是要求同存异这个行业才能发展。从文化的角度来说那更应该是一个开放的心态，这样的话很多东西才能共融。有的建筑师就提到，我们不应该神化国外建筑师。想想看，我们有时候也去国外做设计了，就和别人来我们这里做设计一样，不一定到国外的都是大师，肯定有鱼龙混杂的地方，所以国外进来的也是一样，肯定也是有好有差的。很多时候我们没有实事求是，我们自己把自己给低估了。我觉得这应该要从文化中挖掘和沉淀，并做出反思。这种文化积淀上的缺失就导致了我们没有幸福感，如果单纯拿数字来比较，我们比二三十年前不知道好了多少，但为什么还没有幸福感？现在刚毕业的学生就开始想买房，吃的、用的、学的各方面都有了，但是你问他，他还说不幸福。这主要就来自于文化理念和信仰上的缺失。这种缺失说得俗一点，就像前些年邪教的传播。我们在思想意识上放弃了很多东西，才能让邪教乘虚而入，让你有一个心灵寄托。而我们要做的就是把这种缺失逐渐抓回来。

从文化来讲我觉得还要有一种对比的认识，或者是批判的学习。我们现在GDP是世界第二了，到哪儿都说中国人有钱，但如果比一比，我觉得我们跟美国人的差距，所有东西差50年。有可能我们经济超过他们了，但还是赶不上人家，就是文化差异、修养素质、道德思想水平这些差异太大了。这些不是说挣钱就能补得上的，我们仅仅是在经济这一领域走在前头而已。人家的教育是从小一直到大的一个潜移默化的过程，而我们的教育当中没有这个东西，我们的环境没有这个氛围，这个教育的形成至少还要经过一两代人才能达到那个水平。

再一个我谈一谈尊重，一个是对人的尊重，一个是对环境和知识的尊重。包括大家刚才提到对建筑师的尊重，既有社会对建筑师的尊重，也包括建筑师的自我尊重。我觉得自我尊重是获得社会尊重的前提，如果缺失了这一层，那就不要指望社会能够尊重你了。刚才大家也提到现在市场很乱，费用很低，这里面分两种情况，第一种就是你为了生存去展开工作，还有一种是你为了一个目标去展开奋斗。社会很现实，为了生存这部分谁都要去做，要不然没法立足。但是为了目标为了作品的时候，就要坚持一些事情。虽然开发商有钱，让你怎么做你就要怎么做，不过我觉得最近几年情况开始回归了，开发商也在经历市场的淘汰，那些认识不清的开发商已经逐渐被淘汰了。建筑师需要让自身强大起来，在这一点上台湾建筑师公会做得就比较好，它在行业内建立了一个起码的自律。

再说回到这本《建筑评论》，我觉得里面可以有一些不同的声音，但是也要建立在一个基础之上，就是不要互相攻击。相互的评论，好或者不好，不好在哪里，这些说出来我觉得没什么，建筑师也应该能够坦然地面对这些评论。建筑作为一个项目放在城市当中，它背后可能会有很多故事，作为评论者并不清楚这些故事，很多地方可能不理解。但是评论本身也是推动建筑发展的重要力量，讨论的氛围对建筑创作有积极的影响，所以评论要产生正能量在里面。公众对于城市的认识和对于城市现象的评论，我觉得也对行业的创作有一定好处，否则的话就没有公众舆论的监督和评价的平台。刚才大家也讲到，领导一个人就把很多东西定了。如果社会对他没有一个监督和评价，那他说好就好，老百姓顶多议论议论，如果有几个媒体能够从很客观的、很公正的、很专业的角度来评论，市长看到了也会好好想一想，觉得这是专业的刊物，应该考虑一下。要不然的话大家谁也不去说，就都知道这个事情做得不好，但没有人去说，或者知道这个事做得好却没有人去表扬，那就变成好坏不分了，这对城市影响太大了。最后说这个杂志办刊的时候，从评论的角度上讲，是给它做一个栏目也好，做一个版块也好，要让建筑师说点真话，希望它能做出我们所期望的东西。

（北京市建筑设计研究院有限公司总建筑师）

刘震宇：最近几期茶座我也都有参加，谈论的也都是比较有深度的话题，每次的参与对我来讲，更多的是获得一种警戒。时时刻刻认识到作为建筑师本身，并不应该是一个高高在上的角色，而是一个终身努力奋斗的角色。在我看来建筑师没有一个晋级的概念，有时候一旦你放下了笔，你就有可能不再是建筑师了。所以我觉得这个茶座，就是要我们周围笔耕不辍的同事们之间进行交流，对我来讲每次都是一个学习。

今天这个话题给我感触比较深的一点是，说的是设计的境界，谈的是设计的责任，更多的有一点像是说我们建筑师的境界和责任。我也就从我们建筑师的职业出发来谈一谈。

这是一个修身的，值得终生为之奋斗的目标，这是第一位的。在修身这种大的命题下，我们做的每一件事其实都应该是诚恳诚实的，我觉得这是区分一个建筑师的好坏、合格与不合格的最大区别。这个判断标准首先是一个诚实的心态，能不能够实事求是，这还是一个内心不断修行的过程，到最后你会理解出来你的设计水准到了一个什么境界和状态。所以这就是一个不断地每日三省吾身的状态。

从很多具体的事例来讲，你会发现，你的每一点进步不是说别人给了你多少压力，肯定是你对自己有了新的认识，然后你有了感触，然后你才会向着更好的方向迈进。这不是一个简单的别人给你命题你来解释，而是不断提升自己感悟力的一个过程。我之所以把这当做一种修身，当做对自我的一个警戒，我一直觉得这个跟我 20 年前刚刚开始从事这个职业的时候的状态有关，而这个状态和现在大量年轻建筑师的从业状态是大不一样的。在座的可能都是前辈，你们刚刚踏入职场的工作状态，和我们今天建筑师的工作状态，相距恐怕更远了。如果以现在建筑师的职责和他每天的状态和当时相比，我觉得缺失了很多东西。我一直在思考，如果对现在建筑师的状态有一种苛责，或者说是我对他们的一种不理解，觉得他们的工作心态有问题，那么他们到底缺什么？在座的有几位也是搞建筑教育的，确实我们的学生时代和他们从学校里毕业的那个学生状态，有很大的不同。现在老师也要交产值了，在他们的心思里面第一要务未必是教学了。首先他们可能更需要创造价值，未必他们就是被动的，很多情况下他们自己也愿意这样，在这个社会上把自己建筑师的角色发挥到有实体价值的一种状态。这一点对于学生可能有一个很大的影响，就造成现在学生从毕业出来开始就不太合格，或者说还没有准备好就要进入社会，开始自我奋斗，我觉得这是很遗憾的事情。

（宝佳集团执行总建筑师）

戴俭：我的本职工作是教师，教书育人是我的职业。实际工作中感觉我们有许多力所不能及的地方，这也对我们的教学工作产生了一定的影响。我们国家原有的建筑教学体系长期受计划经济的影响，缺乏适应社会变化和时代发展的灵活机制。虽经历多次改革，但重技能、轻研究的培养方法一直处于主导地位。“填鸭式”教学在相当程度上使学生丧失了设计的灵性和创新意识，而注重结果则更多地忽略了学生的表现能力，导致学生在学习过程中过于看重最终成果，而忽略了设计、构思的过程。另一方面，现在的教育过于强调学生的艺术培养，缺乏培养学生对社会问题的理解和认识，缺乏对建筑更深层次比如建筑与社会，建筑与历史，建筑与文化等方面进行关联性质的研究。我认为，我们的建筑教育体系要有所突破，就必须充分吸收当前建筑教育社会人文学科的拓展，从学科基础上就要加强社会人文方面的内容及其深度、广度，增加学生作业中的综合性、多样性的要求。同时加强学生综合能力的培养，包括自学能力、社交能力、深化调查研究、集体讨论的作用，通过各种途径和方法使学生更多地接触社会，认识社会，了解社会，培养学生务实、勤奋的工作方法，早日在社会发展中找到自己发展的立足点。

（北京工业大学建筑学院院长）

贾东：就本土这个问题，我觉得有时候，看很多东西，不要太带着情绪化去看，包括这个自然都在里面，要用一个平和的心态去看整个的这个领域。第二点我认为对于专业人士来说，应该思考责任的边界问题。一个专业人员，他可能在画图的时候，干的是一些很客观的东西，但是当他的位置到了一定程度的时候，就会突然一下子膨胀，这种情况实际上是屡见不鲜的。我觉得就是他当专业人员的时候，就没有具备这方面的历练和修养，也不清楚一个人的能力和边界在哪儿。所以这个责任实际上是两方面的因素，他到了一定程度能够掌管全局的时候，他就会觉得我对全局都有责任。这个理解是对的，但另外一方面就走向另一个极端，就是他觉得自己能把所有的事情处理好。比如说一个 100 万平方米的社区，由一个人在这里主持，从规划到细部再到室内，都能够一直做下去。人的生活实际上本身是不能被设计的，但是恰恰是我们，不光是从柯布西耶开始，而是从柯布西耶之前的几百年，只要是一个专业人员有了一定的权力之后，他就要设计整个社区，乃至整个城市的人的生活。这个我觉得是作为一个建筑师或者规划师来讲，从心理角度说不通的地方，但这一点往往是我们以前，包括教育本身，没有注意到的。很多东西走向极端了，就走向它的反方向了。比如历史上著名的思想家墨子是很平民化的，但是墨子的思想走向极端就是集权主义。本来我是不太理解的，直到我看了一篇文章才有所理解，那就是“过分夸大专业责任”，所以包括专业人员自己也应该清楚我能做到哪里，哪一块儿需要我做。这我就说，凡事应该有一个边界。那么第三个我觉得就是说为社区，这个我觉得恰恰是每一个专业人员需要孜孜以求的，我们现在来讲很多专业人员最需要的就是这个，虽然平时都很能说很能侃，但是真正要他把图本身画好，把节点整个做好，然后把它做出来，要有一个度，要有一个专业人员的本分的心，最后一个就是要有匠心，在匠心里面沉浸的，才能在专业的基础上匠心独运。

（北方工业大学建筑学院党委书记、教授）

刘方磊：北京城是一个非常美好的城市，承载着中华文明的过去和未来。我突然想到，它实际上是中国最伟大的两个人工工程的交点，就是万里长城和京杭大运河交会在这个地方。从古代逐鹿和板城开始，都是北京的周边地带，也是中华文明最开始的一个起源地。这个虽然在考古上也没有确定的结果，但基本上有这样的共识，就是炎帝和黄帝还有蚩尤，在这个地方发生了几次战争，并决定了炎黄民族的走向。然后在古代又经过了几个朝代的变革，就拥有了一些伟大的建筑。以至于现在中国的首都，承载着城市革新的未来。我觉得北京的发展对于中国有一个示范的作用，因为中国的各个城市对于北京的向往和追随感，会直接影响中国其他城市的发展进程。所以北京如何能够做到把中华文化和城市文化融合到一起，实际上是一个非常重要的事情。第二个感觉我就觉得，北京的一些空间，拥有了建筑的场所精神。我自己就有感觉，前两天我去北海公园，就是下雪那一天，我就感觉到真正的一种场所精神。建筑的场所精神让人感到一种空间感和人文感，这确实是一种文化的感觉，但确实这种感觉不会经常出现。我还去了圆明园，圆明园也是一个很矛盾的事情，它的这种空间是复原还是维护一直是个问题，我周六的时候去看了看，这种感觉也是很好的，就是通过围合空间，使原来的建筑不见了，做成了一种现代生态公园的感觉，使生态恢复起来。我认为这种多元共存的感觉，是一种很确实的场所精神。古代的历史和现在的生态，它逐渐形成一种生态空间，用现代景观的手法把它结合起来，也让我感到了一种场所感。场所的具体每一个空间如何来运作，有时候我们做度假酒店或者会所的时候，可能比较容易找到这种实物，可是到城市空间当中如何体现这种场所精神确实是需要我们思考的。

刚才各位专家也提到了对于地标建筑的感觉，我也有自己的思考。其实往往地标建筑不一定具备建筑的种种美德，建筑有的时候是一个悖论，它也是很矛盾的。地标建筑往往会注重将某一点做到极致，其实国际大师普遍是这样的，他往往为了某一点的极致会牺牲很多东西。所以建筑的种种美德如美观和经济适用性，很难在一个地标性建筑上综合体现，这也是值得大家思考的。因为前卫建筑师，往往都需要一种体现个性和创新的舞台，而这种创新往往都不是很成熟的。但如果是一个理性和稳妥的建筑，就会失去个性，流于平庸。如何能够在个性张扬的时候结合到建筑的美德，我觉得是一个非常难的事情。不光国外建筑大师在中国做了很多实验性的东西，让大家感到不如意。其实在国际上，往往大牌建筑师的作品也具备个性和理性的悖论。建筑这个东西其实是一个精神的物化过程，最后要使精神得到提升。但最后这种地标性的建筑，由于它承载了太多东西，往往可能更强调精神的感觉，而这往往会带来物质的浪费，或者是不实用。包括故宫的五凤楼，里面很多空间是没有用的空间，这在古代建筑中也比比皆是。这也包括金字塔，里面只有一点点空间可用，还包括帕提农神庙，它只是为了外部空间，而其内部空间很不实用。所以我觉得对于地标建筑，这里面既是一个理性的思考，也是一个值得玩味的事情。

（北京市建筑设计研究院有限公司 1-A4 工作室主任）

王巍：咱们刚才说了很多社会责任感，这里面论官职赵主任最高，我跟您提个请求。能不能多往市长、副市长的领导岗位周围，推荐一些建筑师、规划师。现在作为咱们底下的这种论坛，我觉得更类似于一种文化游行。我们要这样干，至于上面干不干，我们不知道，所以我们总是被动的。假如说我们在市长周围，可能在话语权或者执行力上会更好一些。如果说全国的城市每一个市委常委里面都有一个建筑师或者规划师的话，那我们的城市肯定是另外一个面貌。

再从眼前说起，刚才我去卫生间，就看到里面设施上写着抗菌产品。我之所以要提这个，就是说说咱们十八大最重要的一个观念——科学发展观。科学发展观胡主席谈了 10 年了，即使只是个概念，这个词也已深入人心。但是至于到底怎么科学发展，如何去科学地办事、思考，我们还距离很远。伪科学和伪文化充斥着我们的这个世界，那个抗菌产品就是个伪科学，一个瓷器就要说自己是抗菌产品，我觉得但凡是个中学生就应该能想到，一个白瓷的东西没法抗菌，所以这就是身边的伪科学。

回到建筑设计上，这种伪科学或者说伪生态在我们专业人士里面也有，这是非常不负责任的一种行为。我虽然在单位也做了一些行政管理方面的工作，但是一直也没有离开一线业务，在业务管理方面，也经常跟比我年轻些的人在推崇这种被动式的生产技术。你想，本来是想节能，那就不要用耗能的方式去节能，这东西很多人是不去考虑的。在做设计的时候有一些刚毕业的，或者工作三两年的，有时候他的设计里已经没有了自然通风、采自然光的概念了，因为思维都放在形式和外皮上，把建筑本能的东西都忘掉了。

伪科学里面还有一个碳排放。好多人对什么是低碳的理解并不深刻。低碳这个东西应该是站在地球的角度去谈低碳，咱们有很多都知道“碳足迹”这个词，这个词最近也用得比较多。举我们平时用的面巾纸的例子来说，很多人可能没有参观过造纸厂。我小时候生活在一个小城市，我们家就在造纸厂边上，而且我们还是在它的下风向。那个污染非常严重，因为原材料变成纸浆的过程，是需要一系列化学反应的。所以说我们如果回到都用手绢的话，反而才是真正的环保。另外就是我们建筑里总讲究一个舒适度，什么样的温度才是适宜的，在座的几位老前辈，你们年轻的时候开会冬天穿大衣还觉得冷，夏天扇扇子还觉得热对吧？现在咱们打开电视机看，有人一年四季是同一身衣服，同一个厚度，这就是靠大量耗能支持他去这样的。那就是说，我们把室内温度规定成一个恒温了，而没有按照一年四季的变化给它做一个弹性的规定。如果这个弹性设定在 10 度范围内，人依然可以承受。比如当年周恩来的好多照片里，夏天就穿着短袖。现在一年四季都要维持到 22 度，一个最舒适的温度。如果说上下各放 5 度的话，冬季降到 17 度，这个情况人是可以承受的，这时候节约下来的能量是非常可观的。夏天室外温度假如说是 38 度，室内可以维持到 27 度，其实也可以接受。我觉得在咱们这个纬度，把人对温度的要求规定在一个弹性范围内，可能是节能的一个诀窍。所以这些又回到刚才的话题，要让这些懂得真科学的人去当领导，不失为是一个快速推进科学发展观的好办法。

（中国航空国际建设有限公司咨询设计事业部总经理、总建筑师）

雷霆： 今天我想用三个事例，为咱们设计的这三个目的说说我自身的理解。第一个就是说到设计的责任，对于这个问题，我想从手机谈起。我想在座的各位三五年前用的应该都是诺基亚或者摩托罗拉手机，但是现在呢，用这两个品牌手机的应该是很少了。诺基亚在 2010 年的时候还是市场占有率第一，但到今年为止，已经连续三个季度严重亏损。在这短短的两年，手机市场所发生的变化，对我们做建筑设计的责任也好，还是建筑的设计内容也好，都是一个很大的震动。其实我在反思，我们设计的很多内容，比如我们还在遵从一些传统的设计手法，在遵从一些传统的实际法则的时候，是不是也是在像诺基亚一样，做着一些逐渐走向失败的事情。但实际上，建筑在未来的发展当中，它的设计手法，包括它的要素一定会随着社会的发展有着很大的变化。我曾看过一本书，就是讲乔布斯怎么创造了苹果的奇迹，其实很简单，就是他对工程师说，你给我去设计一个只有一个键的手机。因为他认为诺基亚和摩托罗拉这种有很多键的手机是很没有体验感的。应该说是很差的产品，没有以人为本的思想在里面。当时他的工程师的情绪很大，怎么可能会出现只有一个键的手机呢？乔布斯认为，既然这个事情能给产品带来更好的体验，那就应该值得一试。这个结果大家都看到了，就是苹果通过他的设计理念，彻底颠覆了传统手机的想法。实际上我们有的认为苹果已经不能称之为手机了，而是已经承载了很多手机之外的东西。其实故事告诉我们的，就是设计到底需要什么样的东西，在乔布斯的理论当中，体验是最核心的一个内容。我们再想想我们自己，我们的产品和使用者一定也会出现很多的体验点。比如简单的一个住宅，回家的时候在很多地方我会切身地感受到空间、开关，还有很多很人性化的东西。如何把我们的建筑产品设计得像苹果手机一样，具有人性化和体验感。我觉得这是建筑未来的发展方向。我们跟海尔有过一个合作，海尔是做家电的，而且做得很完善。他们现在想要把住宅里面做成家电化的一种系统，把住宅和家电结合在一起。我觉得这个就是家电体验化和住宅发展的一个重要方向。

说到责任，我觉得在中国更多的可以等同为良心。我想下水道就是一个城市的良心，下水道都是在城市底下咱们看不到的，只有当下暴雨的时候，我们才会去关注下水道这个系统是不是设计得合理。有一个汽车的广告我认为做得很好，那也是一个很知名的品牌。别的汽车广告都是车在街上跑，可它却是把这个底盘放在上面，我觉得这个对我的震动也是比较大的。因为底盘可能是买车的人一辈子都看不见的地方，但是底盘也反映了一个汽车厂商的良心。有时候我在想建筑师的良心体现在哪里，也可能盖出一个楼，大家从来不会关注你画的某一笔，也不会关注到你墙里面是什么东西。但是我就觉得通过我们的设计，通过我们的责任，实际上能给产品一种品质感以及把良心注入产品当中去。

第二个事就是本土，现在大家说本土，总是说甲方或者市场不认可。刚才说到现在很多 Art deco 的风格很流行，而且占了市场很大的一个面。其实我们也很苦恼，包括很多开发商找我们公司也是点名就要做 Art deco。本土的东西就真的不能给客户，给甲方，还有城市带来品质感么？

实际上我觉得设计师经常会拿一些既有的经验来判断这个，因为它是快餐文化，他拿来就很快去用，而没有去挖掘这里面有价值和品质感的东西。我认为这点是比较缺失的。我们公司曾经有一个案例，就是给他做 Art deco，后来经过我们的努力，通过墙面的一些质感变化，包括园林景观以及一些微观处理，在它的入口体现一种中式文化的价值和含义。最后甲方就接受了我们的意见，建成的效果和市场反馈都不错。我从这个事例就得出，人们不是不接受本土文化，而是你的本土文化能不能恰如其分地用现代手法表现出来。我个人感觉这还是一条挺难走的路，所以走本土文化还是需要有这方面责任感和追求。我相信在这个群体不断扩大之后，一定会把本土文化的事情做好。

有一个事例，今年我们公司跟朝阳分局合作了一个课题，名字就叫做保障性住房配套设施的研究。我们是以朝阳区的东坝和常营做案例，来做一个研究性课题。我们发现，我们用了很多年的千人配套指标，在目前来看其实有很大的问题，不但这个指标跟现在的现实社会有点脱节，而且不同的商品房配套的诉求也不同。刚才有的专家也说到卫生间的问题，其实现在所有的小区都是要做公共卫生间的，但是实施得特别少。这里面也包括文化活动建筑和非赢利设施，是实施得非常不完善的。相反，我们对自行车的指标这么多年来没发生变化，一户两辆，这个数字算完是特别大的，占据了大量的地下空间，其实都是浪费的。所以说我们是不是就应该把这些资源做一个合理的调配，可以让我们以后的规划更加合理。

最后说说刚才提到的关于保障房的问题，保障房量的扩大，很多情况下带来了一个城市定居点的变化，我们当时调研常营，那里的很多回迁以及公租房，都是从别的区调过来的。但是住户的工作地点就很难也迁到附近。所以就出现了很多两地上班和子女教育问题，因为他们的子女没法在本地就学。这就是为什么当地总是特别堵车，通过我们当时的测算，就是因为这些城际的上下班的不便。这里好多也不光是建筑的事，而是一个系统问题。但是通过这个问题也给了我们建筑师一个启示，做事情一定不能死抠一些条文，而要适当地在允许的范围内考虑一些弹性，这样可以为社区以后的发展带来一些有益的因素。

（北京维拓时代建筑设计有限公司副总建筑师）

（朱有恒根据录音整理，未经本人审阅；摄影陈鹤）

建筑师职业生涯60年（节选）

吴观张

三次职业回归

在我一生中有三次离开建筑这一技术岗位从事政工和行政工作，又得以三次回归本业，不能不说这是我的归宿，是命中注定。

第一次：1952年我从苏州高级工业学校（中技）土木科毕业后，留校当政治辅导员，年底转入无锡工人技术学校，担任青年团专职干部并承担时事政治课教学。未想到的是，被时在江苏省教育厅从事学校建筑设计的绘图课李老师看中，抽调至南京在他手下绘图，打开了我从事建筑职业的大门，几年工作下来我对建筑设计兴趣极大，但深感学业之不足，逢1956年国家号召向科学进军，我决心报考大学建筑系，于是恶补高中课程数月，终于步入了清华大学土建系建筑学专业学习。到清华读建筑学是每个立志从事建筑设计的青年所梦想的，6年寒窗之后我于1962年毕业。

第二次：我毕业后被分配到北京市建筑设计院工作，这是一所当年全国最大的民用建筑设计单位，也是每个建筑系毕业的青年向往的地方。1年后，抽调我参加工作队下乡“四清”，1965年被提前调回院到党委宣传部当干事，正准备要提我当党委办公室主任时，“文化大革命”开始了。1969年，军宣队军代表找我谈话，告诉我因家庭出身不好、海外社会关系复杂，不适合做政治工作。这样将我放回设计室搞设计工作。这一段，是我从1969年到1980年从事建筑设计创作的黄金时期，先后主持设计了几项技术含量很高的冷藏库；主持设计了北京建国门外国际俱乐部、友谊商店、外交官公寓和小使馆，在建国门外工地的工棚内与同事们摸爬滚打了5年，长了不少本领。1976年我被调入第一设计室当副主任，主抓技术与方案。这一年9月逢毛主席逝世，第二天，院抽调黄晶、马国馨、郑文箴、聂振升和我（马、郑、聂、吴均为清华20世纪60年代毕业的校友）共5人在赵鹏飞副市长带领下进行纪念堂选址和方案探讨，干了4个昼夜，选定天安门广场南作为纪念堂的用地。14日全国知名建筑专家汇集北京，共做出方案107个，大致可分为陵园式、墓碑式、象征造型和纪念馆等几类，根据中央指示，由北京院与清华大学9人综合3个纪念堂形式的方案，并制成模型，放在人民大会堂内，最终由中央拍板定案。之后以北京院为主，又从清华大学、建设部院、中央工艺美院等处抽调技术骨干组成百人设计班子在现场边设计边施工，日夜设计画图，跟图施工，奋战至第二年7月基本完工，在1977年毛主席逝世1周年之际，对外开放。1979年我还主持了北京第一外国语学院电教楼的设计，并为此随外交部组团去美国纽约、法国巴黎、瑞士日内瓦考察。

第三次：1980年年底，北京市城建工委决定在北京直接选举一名建筑师当院长，全院百余人被提名，经过几轮淘汰，最后这一重担落在我的头上；又选举了4位副院长。面对信任我的设计院职工，我不能辜负他们，兢兢业业放手干了将近4年。1984年叶如棠被任命为新一任院长。我被安排去院常务副总建筑师岗位，直至退休。至今，没有离开过技术岗位。

对于建筑设计创作，我不是一个很有天分的人，但清华校训“自强不息，厚德载物”一直在鼓励着我，在业务上不断勤奋努力，对人诚恳宽厚，使得我在建筑设计事业上取得一定的成绩。

民选院长干的四件事

在5位院长中，我年纪最小、级别最低、经验最少，但我这个人胆子大、包袱轻、心胸宽、性格直，不怕丢乌纱帽，真诚对待人，认真对待事。充分发挥班子里每个人的作用，分工负责，不包办、不代替，建立院长办公会制度，每周例会，有的事不要议，通通气；要议的事，由主管院长事先准备意见，会上充分讨论，有议有决，会后坚决执行。院长任上，事务繁杂，但有几件带有战略性的事。

院长工作主管三条线，一是生产一条线，二是技术一条线，三是行政后勤保障一条线。

第一件事：建全技术管理体系。三条线中，技术一条线最为薄弱，设计院的 30 年历程中，完成了大量的工程项目设计，积累了丰富的经验，锻炼出大量的高级技术人才，虽有一些制度，但原有总建筑（工程）师有职无权，专业不全，没有形成力量。于是我们果断新聘了多位业务水平高、技术过硬的 4 个专业的副总建筑（工程）师；成立院技术委员会；成立各专业技术委员会。各设计室选聘了 4 个专业的主任建筑（工程）师。强调抓好工程设计项目综合质量。所有工程设计项目分院、室、组三级进行责任制管理，从而健全了技术管理体系。每季度进行质量抽查，年终有优秀设计、优秀工程评选，保证了设计院能较好地完成每年的任务。

第二件事：重视智力开发。与高等院校订立代培人才协议。设计单位所承接的设计项目完成的质量好不好在于是否拥有雄厚的高质量人才优势。经过统计，全院约 400 位建筑专业职工到 1986 年每年约有 40 人达到退休年龄，而当时全国建筑专业的人才培养正处在青黄不接时期，20 世纪 80 年代初期，每年国家只能分配六七个建筑学专业毕业生到院，危机已经来临，如不及早采取措施，设计院的生存将难以维系。我们果断决定与清华、同济、天大、北建工、北工大、中央工艺美院等 6 所知名院校订立了代培 120 名毕业生的协议，这些毕业生毕业后分配到我院工作，在校培养费由我院拨给，总共花了 150 万元，这是一项战略性的投资。这些青年建筑师自 1985 年之后陆续充实到设计院的生产第一线，其中不少人成了后来的技术骨干。
投入资金和人力，合办《世界建筑》。20 世纪 80 年代初，清华大学建筑系主办的《世界建筑》面临资金短缺、难以维系的困境，建筑系领导赵炳时先生找到我院寻求帮助。这本借助清华高级教师的学术水平办起来的杂志，信息量很大，资料性极强，对于我院从业建筑师有极大的帮助，我们决定投入资金和人力，助这本杂志渡过难关继续办下去，这是一项战略性的财力、人力投入，至今这本杂志越办越好，在建筑界享有盛誉。
参与学校课程辅导 。1982 年和 1983 年，受清华建筑系之聘，我与张德沛、汪安华、刘振秀等校友组建教学班子，与学校课题组教师一起，担任两个年级的高技术含量的剧场和体育馆的设计课题辅导，采用修改学生图纸、综合点评等方式辅导学生。这是一项教育与生产实践相结合的创举，收到了良好效果。现在的清华建筑学院院长朱文一，规划设计院院长尹稚，建筑设计研究院院长庄惟敏，五合国际的刘力、卢求，开业建筑师刘晓都等都是这两个年级的学生。
写文章、开讲座。根据自己的设计实践进行研究、分析，历年来，在建筑杂志上发表了数十篇文章，同时还准备了几个专题讲座稿，在大学和社会上开设讲座，交流学术观点，并从中得到提高。

第三件事：为员工盖住房，稳定队伍。随着我国经济的不断发展，建筑设计任务不断增多，建筑设计单位也日益增多，人才竞争日益激烈，设计院职工当时收入不高，家庭负担相对较重，住房困难，要想留住人才，必须解除设计师的后顾之忧。设计院自办食堂、自办幼儿园托儿所、自办小卖部、自办医务室，这一切举措对稳定队伍起了一定作用，但住房困难是一件迫切需要解决的事，有的好几户人家合住在一套房子里，很多已成家的职工住在筒子楼里，据统计院里有 500 个住房不稳定户。
在上级主管部门大力支持下，用 30 万元和 3000 平方米指标搞定了中关村南大街、国家气象局门口一块 7000 平方米用地，盖了三栋 22 层、每层 8 户的高层住宅。每栋 176 户、15000 平方米，我院实得两栋，可解决 352 户职工住房。又与西城区合作开发复兴门桥西北角用地，建了三栋 22 层、每层 8 户的住宅，我院实得一栋共 176 户，对稳定队伍起了积极作用。

第四件大事：分配改革。设计院当时刚刚步入市场，国家不再拨款，但市场竞争不算激烈，生产任务十分饱满，职工工作很辛苦，但收入仍然十分有限，人心思变。我们曾数次草拟过改革方案，试图打破大锅饭，提高职工的收入，但均未能得到上级批准。这件事是我任上想解决而没有解决的，在我卸任后第二年得以实现。

院长退任后的职业生涯

1984 年中，我从设计院院长岗位上退下来，由叶如棠先生接任，我担任了院常务副总建筑师职务。
旅馆的设计与研究。1985 年参与了北京前三门大街首都宾馆设计，与张德沛、何玉如先后担任设计主持人，这是一项高规格的接待国宾的宾馆，积累了不少旅馆设计经验，并开始着手进行旅馆设计研究，之后曾写出旅馆设计文章，在建筑杂志上刊出，还参与了《北京宾馆建筑》一书的编辑出版。为该书撰写第一篇文章。与天大 、北工大、北建工教授联合带了 6 个以旅馆设计为研究课题的研究生。

1986 年院派我兼管深圳设计分院，担任副董事长和总建筑师，同时还派我去香港成立华润艺林和京泰公司室内设计部门，并任设计院代表。来往于香港、深圳与北京之间 7 年之久。

体育建筑的研究。在一室担任副主任期间，曾参与体育建筑的研究，发表过几篇论文，并担任《体育建筑设计》一书的审核人，但那些年始终没有体育场馆的设计任务。直到 20 世纪 80 年代后期为 1990 年亚运会在北京举办开始大量建造体育场馆。我被聘任为奥体中心场馆设计顾问成员。亚运会前，参与编辑出版了《亚运建筑》一书，并撰写了该书第一篇文章。

住宅建筑设计的研究。随着国家发展，人民生活水平得到提高，住宅建设发展十分迅速，住宅建筑设计任务越来越多，开始了对住宅设计的研究。连续写了 5 篇住宅学习笔记在刊物上发表，修改数十例住宅户型平面，参与了多项居住区规划和其中的住宅单体方案设计。与天大的邹德依教授联合培养了关于住宅设计的研究生 1 名。

培养青年建筑师。1994 年时年 61 岁，我从设计院退休，后被回聘，担任院顾问总建筑师，与王昌宁顾问总建筑师合作组成吴观张 — 王昌宁建筑创作组。创作组每年在进院青年建筑师中挑选 3 ~ 4 人，通过设计方案实践培训这些青年人的设计基本功。前后与青年人在一起工作了 11 个年头。这些人有些已经成为设计院当今的技术骨干，多人担任了设计室主任，多人已成为院副总建筑师，还有人成为美国 SOM 芝加哥公司的技术总监。

当我年近 70 之际，这一辈子积累下来一些建筑设计经验，还有心要贡献给建筑事业。于是在身体条件尚好、头脑还清楚之时，受筑都方圆建筑设计有限公司和五合国际之邀，担任了两家的顾问总建筑师。尽量将自己的心得交流给青年设计师，这使得我感到十分愉快，十分充实。

2012 年我 79 岁，从 1952 年中技毕业参加工作至今，已整整 60 年了。于清华建筑系 1962 年毕业 50 周年之际，特书写本文以致纪念。

（北京市建筑设计研究院顾问总建筑师）

“天天向上”建筑的思考

刘方磊

建筑是人们生存的空间，在时间的维度上加以纵向比较与思考，即看古代与现代人们的空间异同之处，可以给我们很多启示。基本的空间原型及构成元素是有共同之处的。此一点在很多地方得到印证。

人们常常会对自己的故乡与童年记忆深刻，魂牵梦绕在他乡成年后的一个雨夜。这是因为极简唯美的记忆特征。它成为人一生的空间印象，所谓记忆之初而形成空间原型。此点与人类茅茨土阶的物理特征化为心理特征有些相似。

物理空间对人们心理空间的影响是显而易见的。虽然“眼中有尘三界窄，心中无事一床宽”，但是我们在辽阔的空间中心胸开阔也是情理之中。比如面对大漠孤烟、荒原日落、无边大海、浩瀚夜空。

时间穿凿空间，空间印证时间。时空的交错可能是宇宙最大的奥秘与魅力之所在。世界是多元且多维的，时间与空间是可能互相转化的。在广义相对论中，能量与质量是可以互化的。

建筑的空间与实体都是主要的要素，虚实相生，负正相宜，建筑的数学属性在于几何学与代数学。古代人类从对自然的思考中得到启示，这仿佛是天地的赐予。

从丈量土地到界定范围，从遮风挡雨到防御猛兽，在物质功能到精神功能。建筑的内涵有着极其朴素又或者极其神圣的双重属性。在物质意义的朴素的功能属性上，是世俗与生活化的，就如同吃饭睡觉般平凡。每一个人都能领会与体验，每一件具体的事情均要发生其间，没有丝毫的神秘性与专业障碍。

但是某些建筑在精神层面上的意义却又有着与天地同在的非凡内诣，又有着亘古长存的惊世外形。

人们生存的第一根本便是生存空间，也可广义地称为生存环境，也可狭义地称为生活居所，其意义如同植物的伸展成长空间以及动物的活动势力空间，或用俚语称为“我的地盘”。

动物捍卫自己的地盘是本能，地盘是其食物的来源，也是其繁衍后代的必需。为之，动物是随时准备流血与牺牲的。为了种族的延续，动物在争夺配偶以及生存空间时的战斗便成了不可避免的。

而纵观人类历史又何尝不是如此呢。古人云“食，色，性也”，而所谓人性之本便是生存空间。在某些层面上，捍卫空间如同捍卫主权般神圣。对于一个独立的国家，其领土完整的意义以及外敌入侵的意味，即开阔类比的思考。

故而建筑从产生之日起，就有着土地占领、高屋建瓴、地盘地界地标的意义。

现代建筑学术语“占地面积”、“基底面积”、“建筑面积”各有所指，但体现了建筑是有占有土地，继而占有上方空间的本质。它必由坚固耐久之材料构造而成。其必能经得起时间的考验，也必经得住风霜雨雪的侵蚀。经得住时间的空间有了精神的力量。历史长河流过，文化的印痕刻凿在大地上，河床留下冰河时期的传说，化为神话般的沉淀空间。

所以对建筑的可浅可深的双重属性略见一斑。但每每对它的思索又如管中窥豹般片面。又可能如“过犹不及”般加以不能承受之重。深入浅出的阐述与领悟是困难的。“此中有真意，欲辨已忘言”的感觉是真实的。“不立文字”是“道可道，非常道”的内省与悟道之高境界，“沉默是金”亦是个人“静水流深”般的修为。但作为整体的领悟与交流却难有帮助。艺术与哲学的玄学境界往往受到诘难与质疑。

在建筑发展的历史中，一直在物质与精神两个层面徘徊，越是重要的建筑其精神层面越重要。在古代社会，重要的建筑是为了与神进行对话而建设的。其高敞的空间代表着在想象中高大的神的尺度。权力仿佛与建筑的空间尺度产生了对应关系。人们对自己的物质性居住空间要求并不高，而对精神空间——神庙却给以予无尽的追求，无论哪个古文明在此点上均有着共同之处。无数能工巧匠穷毕生之力营建精神的家园。不求今生求来世的处世哲学使得人们建造了被现代建筑文明惊叹的古代建筑文明。用时间与生命磨炼的古典建筑代表着信仰与灵魂的物化。一个族群精神的凝聚空间有着现代科技无法到达的高度。现代建筑是工业化大生产的产物。作为工业产品与手工业相比在技术层面有了进一步的提升，但在精神层面的追求上则有所降低。商业文明与人本主义使得人们更加自我，在精神凝聚上有所离散。今天的城市是无垠的土地上密集的高楼林立。随着社会高度城市化，城市群作为人类高度密集的生存空间是必然之势，地球上的能量互换是循环往复的，太阳能是大地生命的源动力。因天之序，日月运行，周而复始，无始无终。

建筑作为人们活动的空间容器，内涵与外延的双重属性使其具备了多重意义。坚固而中空，实用而可塑。主客体可以通过互动再创造其功效。建筑材料的物理性能值得深入推敲，材料的物理属性直接影响建筑的使用效果。

建筑的综合考量是建立在分析总结与逻辑推敲上的。有感性的哲学审美层面，也有理性的数学演算层面。美术与算术，地理与物理，天文与人文在古代交叉建构与混合关联。试想人类之初的建造行为是在面对天地辽阔尺度的敬畏中完成的。从大地上拾起石材与木材，用泥土烧成砖块，建筑材料来源于大地，建筑根植于大地。久远的建筑取天地之灵气，与天地融为一体。

建筑的本源性从古至今并没有根本的改变，庇护所以及公共开敞空间或者私人隐蔽空间，军事防御堡垒或者国家政权之宫殿，宗教信仰之庙宗或者公众交往之场所。现代社会的分工与职能日益复杂，建筑的分类亦随之增加。城市逐步扩大，工业化的痕迹日趋明显。

建筑如何建造是一个非常重要的具体问题，有时建造工艺决定成败，整合人力物力建造，细节决定成败。

建筑按类型学分类有规律可循，整体式与单元式。将建筑元素精减到最少，无外乎柱、梁、板，门、窗、墙，走廊与楼梯。还原为事物本初以发现其基本原理。凡对复杂事物均应透过其繁乱的外表看到其本质属性。简化至极而至其根源，寻根溯源而至其内核。

建筑涉及的内容之广之深是随着我们与其接触年月积累逐渐感觉到的。建筑设计是一个需要假以时日，深入领会与感悟的行业。只有秉承着敬畏的内心，时刻怀着谦虚的心态，逐日精进，方能有朝一日登堂入室一窥建筑学最高圣殿的奥秘。

在涉及大自然与大社会方方面面博大庞杂的建筑学面前，我们永远都是“学生”，我们需要“天天向上”。

我们需要在接触社会与现实的工作实践中摒弃杂念纷扰，让自己的内心安静纯净，有所感悟。用“正能量”使自己对建筑的理解不断提高，达到一个“悟道”以后的“武林高手”的境界，只是一个“内心”的修炼之路。

2012-12-15

（北京市建筑设计研究院 1A4 工作室室主任）

多元共生（刘方磊手绘）

不要为大型购物中心制造城市

王　军

大型购物中心和与之配套的大马路、小汽车，曾在二战之后的美国兴风作浪，制造了一个又一个步行面临消失的城市。就在美国人深感无力回天之时，此三者却在中国受到空前礼遇，实有讨论之必要。

在一次关于碳排与气候变化的国际峰会上，一家在中国城市不断发展大型购物中心（Shopping Mall）的跨国公司的代表纵论该公司是如何经销低碳商品的。主持人让我发表评论，我随即提出：像这样的大型购物中心在中国的城市里大量兴建，对生活方式的改变所带来的高碳问题，更是值得关注的方面。这家跨国公司经销低碳商品获得的收益，能够在多大程度上抵消它进入城市之后大规模制造的高碳成本呢？

说这样的话，基于这样的事实：大型购物中心进入城市之后，街边的小商店多会因为无法与之竞争而纷纷倒闭，所谓沃尔玛“五公里死亡圈”即为一例。大型购物中心在挤垮周边商业之后，会形成对这一区域的市场垄断，人们不得不去买车，握着方向盘到购物中心采购，高碳生活从此开始。如此经常支付的环境成本，岂是购物中心那几件低碳商品能够抵偿的？

大型购物中心和与之配套的大马路、小汽车，伴随着浩浩荡荡的城市化浪潮，正在完成对中国城市的统治。此三者彼此依存，诚如“三驾马车”，曾在二战之后的美国兴风作浪，制造了一个又一个步行面临消失的城市，衍生诸多社会问题，甚至“绑架”国家战略。就在美国人深感无力回天之时，此三者却在中国受到空前礼遇，实有讨论之必要。

大型购物中心在美国制造的麻烦，如同被推倒的多米诺骨牌：①吸干了地区的商业养分，迫使人们驾车购物；②刺激高速路建设，以适应小汽车增长；③催生以车速为尺度的低密度郊区型城市；④大规模制造石油消费，强化国家外交与国防政策的能源安全导向；⑤摧毁步行环境，衍生肥胖病问题，抬高社会医疗成本；⑥挤压小商业，破坏城市的多样性，导致社会财富的集中；⑦滥用小汽车交通导致高碳排……

说实在的，美国打那么多仗，把那么多军费消耗在海湾，很大程度上就是被这“三驾马车”闹的。在它们制造的汽车城市里，人们的习性发生了变化，健全人如同残疾人，汽车是他们的“拐棍”，丢掉了它，真不知如何安生。很难想象一个步行者在洛杉矶或凤凰城那样尺度巨大、密度极低的城市里该如何生活，因为一切皆被车速定义，失去了应有的城市密度，所谓街道，皆为公路。警察会提醒你最好待在车里，因为无人行走的道路是抢劫者的天堂，好一个非洲的野生动物公园！在这样的城市里，公共交通难以发展，因为城市以超低密度蔓延，公交车如同长途车，由于大家都习惯自驾车，它拉不到几个乘客；我曾跟美国的规划师们“开玩笑”：在这样的城市里，人权也是个大问题，因为失去了驾驶能力或没有驾驶资格的人，就失去了自由。应该计算一下，未成年人和不能驾驶的“老弱病残”占城市人口的比重是多少，难道他们都不配在城市里生活？

有的美国城市因为拒绝了这“三驾马车”，今日被人称幸。旧金山的一家报纸在庆贺自己生日之时，陈述它对城市的贡献，包括：曾抵制大型购物中心进入城市，曾抵制高速公路进入城市，因此，旧金山迷人的街道生活得以延续。在旧金山这个紧凑的宜于步行的城市，窄而密的路网是步行者喜爱的，却是小汽车讨厌的，旧金山没有因后者而改变；这里大量的临街商业增加了步行者的乐趣，也供应了充足的简单就业机会，情侣们可以和着街边乐队的曲调，跳着探戈穿过人行道，浪漫的街道生活随处可见。世界银行的一位城市规划专家告诉我，美国西海岸有几个城市，曾欢呼大型购物中心进入市区，竟引来一场折腾——小商业纷纷倒闭，然后，商业巨无霸开始“绑架”城市，以垄断者的姿态咆哮，以致这些城市不得不缔结攻守同盟，抵制大型购物中心的侵入。

在美国，大型购物中心多在郊区分布，而在中国，它们竟如此轻松地进入了城市，并被视为“国际化”、“现代化”的标志。北京金源时代购物中心面积 68 万平方米，而美国最大的购物中心也才 40 万平方米，后者位于郊区，前者位于市区，却成功地把市区变成了郊区——其周边社区被通往购物中心的宽大马路肢解，街道生活荒漠化，呈现出典型的郊区景象。在这家号称世界最大的购物中心，每一层皆设有停车场，人们开着车到这里一层一层地“扫荡”，好一派寄生汽车的生活场景！难以想象被这类大型购物中心推倒的多米诺骨牌会在中国制造怎样的震荡。中国的石油对外依存度已超过 50% 的国际警戒线，难道还要逼着这个国家强硬地介入海湾石油的竞争吗？这样做，明智吗？

正是因为不明智，美国规划界在经历了一场痛苦的集体反思之后，从 20 世纪 90 年代开始推行“新都市主义”（New Urbanism）和“明智增长”（Smart Growth）的城市发展理念，强调必须遵循人性化的城市尺度，限制对小汽车的使用，以公共交通为主导，建设紧凑的、鼓励小商业发展的步行环境，营造街道生活的多样性和混合使用的社区。

1961 年，《建筑论坛》记者简·雅各布斯（Jane Jacobs，1916—2006 年）打响了这场反思的第一枪，推出一部激烈批判以洛杉矶等郊区型城市为代表的城市改造运动的著作《美国大城市的死与生》（*The Death and Life of Great American Cities*），促使美国社会对过度迎合小汽车交通的城市规划及重建活动进行反思。

1993 年，新都市主义协会在美国弗吉尼亚州的亚历山大市召开首次会议，170 名来自政府、学术机构、民间团体的人士会聚一堂，反省近代以来的城市发展模式；1996 年，《新都市主义宪章》拟定，查尔斯顿、旧金山、纽约、多伦多受到称赞，因为这些城市的历史基底区仍然同以往一样继续发展并提供新的职业岗位，“在这些城市中人们逐渐认识到一种特殊的城市形式遗产——街区的大小、街道的类型以及建筑的类型”；老城市的窄而密的街道获得了“平反”，因为在这样的网络状系统中，“大量高度联系的道路确保任何特定出行的行程在可能的条件下达到最短。最短行程也反映了从多个方向到达最多目的地的能力，从而减小了在高速干道上盲目兜圈子的可能性”；为适应小汽车而建造的分等级的城市道路被认定为“最差的步行环境”，因为“人们的住所与目的地之间极少直接相连，甚至经常需要穿越主干道或停车场等恶劣环境”。

《新都市主义宪章》谴责了功能主义城市规划的倡导者——法国建筑

师勒·柯布西耶（Le Corbusier，1887—1965 年），后者在 20 世纪 20—30 年代提出一系列为适应汽车发展而规划城市的学说。1925 年柯布西耶设计的以塔楼、高速路、大绿地来覆盖巴黎市中心的方案未被巴黎当局采纳，却在北美众多城市的更新项目中受到模仿。《新都市主义宪章》认为，“其结果多数是灾难性的”，“有些建筑师甚至忘记了怎样设计适合步行者的公共场所”，“在城市里，汽车可以开到任何地方，而行人则不可能”。

新都市主义运动发起之后，2002 年，美国规划协会又通过《明智增长的政策指南》（*Policy Guide on Smart Growth*）将紧凑、鼓励步行、混合使用等作为城市规划的原则。2008 年，我访问美国规划协会总部，获赠加利福尼亚大学城市规划教授唐纳德·肖普（Donald Shoup）的新著《免费停车场的高昂成本》（*The High Cost of Free Parking*），这本书通过大量的数据分析，揭示了这样一个事实——免费停车场并非真正免费，因为，“事实上，每一个车位的成本超出了每一辆汽车的成本。为这些配套停车场付费的，最早是开发商，然后是租户，再后是租户的客户。如此这般，直至停车场的成本被弥漫到整个经济之中。我们买东西的时候，下馆子的时候，看电影的时候，都在间接地为停车场付费，因为从汉堡包到住房，每一样东西的价格里都包含着它的成本。对停车场的补贴是惊人的，涉及医疗保险或国防预算的规模。免费停车场还包含其他成本：它滥用了交通自由，扭曲了城市形态，恶化了环境质量”。

唐纳德·肖普的著作，为“明智增长”写下强有力的注脚，这位教授骑着一辆自行车出现在这本书的封底勒口上，这是酷爱汽车的美国人不太习惯的姿势。在这个国家，众多城市已被大型购物中心、大马路、小汽车拉散了身架，人们的生活习惯已经固化，浪子回头，却是举步维艰。这就不难理解美国规划协会秘书长苏解放先生（Jeffrey Soule）把他的脚放在上海浦东新城街道上的困惑：“浦东怎么成了我们在美国犯下的所有规划错误的实实在在的样板，而它与一个具有城市价值和人性活力的场所几乎没有一点相似之处。在浦东，没有任何是为了人的，除非他们有车。每一个项目都孤立于周边的环境。这些开发项目，无论是商业的还是居住的，都得车进车出。没有街道生活，没有人性化的宜人设施，没有公共空间或任何激发人文精神的东西。陆家嘴本应该致力于创造一个 24 小时不间歇的商业区，配有地下停车场，并与换乘公交一体化。然而，我们看到的非但不是一个由居住区、零售中心和游客服务设施构成的混合地带，而是孤立的办公塔楼、不知会把人引向何方的大而不当的人行道和主宰一切的机动车，结果更像是得克萨斯的郊区而不是上海。陆家嘴成为了一个低效率、非人性的城市设计典型。在没有人走动的地方，人行道宽大无比，而当你终于到了电视塔和购物中心，需要宽阔的人行道的时候，它们却消失在了交通的海洋里。陆家嘴这种糟糕的模式不但对整个浦东，甚至对中国的其他城市都造成了影响。上海曾有机会从全世界城市的错误中吸取经验来创造陆家嘴和浦东，可他们没有做到。”

这位美国规划界的权威人士可能不知，浦东这个美国汽车城市的翻版，恰恰是由中国城市建设的国家规范所决定的。1993 年和 1994 年，中国的建设部相继发布《城市居住区规划设计规范》和《城市道路交通规划设计规范》，一如既往地将 20 世纪上半叶西方人士为适应汽车发展而提出的扩大街坊和道路分等级学说上升至国家强制性标准，并在实践中瓦解了老城市的紧凑空间，制造出一个个松松垮垮、必须车进车出、“与国际接轨”的“现代化城市”。《道路规范》开宗明义地写道：“城市道路网规划应适应城市用地扩展，并有利于向机动化和快速交通的方向发展。”于是，中国的城市有了两个郊区化，一个是“适应城市用地扩展”的外部郊区化，一个是“有利于向机动化和快速交通的方向发展”的内部郊区化，陆家嘴便是后一类型的代表。

在美国采访时，我听到宾夕法尼亚大学教授、为《新都市主义宪章》撰写前言的乔纳桑·巴内特（Jonathan Barnett）的忠告：“美国的错误是在高速路上花钱太多，在公共交通和铁路上却花钱太少。我们提出，在城市里大部分需要重建的是公交系统，要通过公交系统来改变城市，在城市正在开发的区域，让高密度的建筑能够成长。可在美国，要传达这样的信息是不容易的。100 年前的城市确实是太拥挤了，它们需要阳光。可日照的规范太僵化了，我们有其他方式而不仅仅是通过满足日照来建设健康的社区。我看到中国也在大量建设高速路，高速路把人赶出了城市。我告诉我的中国朋友，你们应该多看一下荷兰，而不是美国，因为美国可用来发展的土地太多了。”

中国的国土以山区居多，适宜城镇发展的国土面积仅占全部国土面积的 22%，其中的耕地又占全国耕地总面积的 60%，人地关系高度紧张。在如此局促的空间里，聚居着人类 1/5 的人口。同时，中国人均能源占有量很低，近年来石油进口量越来越大。中国每年新增就业人口1000多万，而最能提供就业机会的第三产业所占经济比重长期徘徊在40%左右，远远低于60%多的世界平均水平。这意味着中国必须节约土地，发展以公共交通为主导的紧凑型城市，建设高密度、人性化的城市路网，为第三产业提供最大的空间。而以大型购物中心的代表的发展理念，缩减的正是这样的空间与机会，并导致越来越多的人失去行走的天性，整日驾车狂奔，往大气中排放尾气。

所以，我对一个讨论碳排与气候变化的会议邀请一家以发展大型购物中心为己任的跨国公司来介绍低碳城市的经验感到诧异。我的发言结束后，那家跨国公司的代表跑上前来这样解释："请你放心，我们是不会欺负那些小商业的！"哈哈，当个玩笑听听吧。这件事，也怪不了人家，因为是你中国人，把别人的敝帚当成了宝贝。

（《瞭望》周刊主任记者）

（发表于《中国环境发展报告（2012）》，社会科学文献出版社，2012年4月，发表时略有删节，标题改为《警惕大型购物中心对城市环境的破坏》）

普林斯顿地方法规对中国地域性建筑保护的启示

陈　伟

一、不一样风格的“汉堡王”

位于美国新泽西州的小城普林斯顿，因世界知名学府普林斯顿大学而闻名遐迩，其本身也是一个以普林斯顿大学为中心的大学城。如果造访普林斯顿，会感到整个小城的风格古朴而优雅，具有非常浓厚的文化气息，而给人印象尤为深刻的，是在这座小城当中很难见到“现代化”的影子：除了街上的汽车非常现代之外，整座城市既没有令人眼花缭乱的商业广告，也没有一座带有现代气息的建筑。

笔者在普林斯顿就读期间，曾经想到“麦当劳”或者“肯德基”重温一下自己在国内已经熟悉的口味，结果，把普林斯顿的大街小巷转了一个遍，也没看到这两家店的影子，而在城里见到的唯一一家快餐店，就是在中国不那么知名的“汉堡王”（Burger King）。

“汉堡王”也是美国一家著名的快餐连锁店，对于中国人来说，其名声或许不如“麦当劳”和“肯德基”那么响亮，但在美国本土，“汉堡王”应该是快餐连锁店中，更加为社会中上阶层接受的一家。作为快餐连锁店，“汉堡王”与“麦当劳”和“肯德基”类似，在店面风格以及经营模式等方面有着非常鲜明的特点，但在普林斯顿见到的这家“汉堡王”店，则完全颠覆了笔者对“汉堡王”快餐连锁店的印象，这是因为，这家“汉堡王”店面的外观，根本没有现代快餐连锁店特有的风格，取而代之的是完全融入普林斯顿城市建筑风格的古朴与优雅，而现代快餐店通常表现非常夸张的招牌，在这家“汉堡王”店也换成了与周围店铺类似的古朴样式。总之，除了招牌上“汉堡王”的字体保持原样之外，这家“汉堡王”

看上去根本就不像是“汉堡王”。也正因为如此，普林斯顿的这家“汉堡王”的存在，对这座城市的整体建筑风格没有造成任何影响。

二、普林斯顿建筑风格的保护措施

在一次由教堂组织的艺术演出活动中，笔者有幸与普林斯顿当地政府一位高级官员相识并进行了交流，当笔者提及在普林斯顿找不到快餐店以及所见到的很另类的“汉堡王”时，那位官员很直白地告诉笔者：据他本人了解，距离普林斯顿最近的一家“麦当劳”，应该是在城外 5 英里（相当于 8 千米）。而城内没有这些快餐店的原因，就是当地法律在城市周边划定范围，不允许在这个范围内建造诸如“麦当劳”和“肯德基”快餐店以及大型超市等现代气息浓烈的建筑。

由于笔者本人是法律从业人员，因此，在听了这位官员的介绍后，又在法律层面与他进行了更深一层的探讨，感谢那位官员知无不言，为笔者做了非常详尽的介绍与解释。笔者根据他的说法进行归纳，认为普林斯顿在建筑风格保护方面的法律法规主要在以下三个方面非常值得重视。

（1）普林斯顿大学是世界最知名的学府之一，是爱因斯坦、杨振宁等一大批卓越学者工作、居住过的地方，作为大学城，普林斯顿地方立法者认定当地的建筑风格与厚重的学术氛围息息相关，并必须保持下去，因此，普林斯顿拒绝一切影响这种学术氛围的建筑。

（2）普林斯顿是一个历史较为悠久的城市，普林斯顿地方法规要求城内的建筑风格必须足以反映这种历史积淀，因此，普林斯顿拒绝一切不利于反映这种历史积淀的新建筑。

（3）建筑风格保护的重点在于城市的标志性建筑，当地法规要求除了对标志性建筑本身进行保护之外，还要求标志性建筑周边的建筑如果需要维修改建，必须保证维修改建后不得在视觉上影响标志性建筑的原有风貌。

三、普林斯顿建筑风格保护法规对我国的借鉴意义

美国是一个只有 200 多年历史的国家，而普林斯顿虽然名声在外，但主

要得益于普林斯顿大学的威名，至于普林斯顿这座小城的规模，至多等同于中国一个二三线城市。但是，就是这样一个小小城市的建筑风格保护法规，已经有着非常值得我们中国借鉴的内容。

首先，普林斯顿建筑风格保护法规在立法精神上，将当地的建筑风格与当地的文化氛围联系在一起，充分认识到建筑风格的变化可能对当地文化氛围带来的影响，并且这种影响将最终导致城市失去自身特色而沦为一个无人愿意问津的普通小镇。因此，普林斯顿在拒绝快餐店侵入的同时，也拒绝了以快餐文化为代表的浅薄与浮躁，正是这种认识与做法，使得这座小城得以在利欲熏天的大都会纽约市边缘，非常有效地维护住一块卓尔不群的学术净土。而这种建筑风格与文化氛围相互扶持保护形成的高度和谐，使得普林斯顿大学成为美国最有校友凝聚力的大学，令同样出身大名鼎鼎学府的哈佛人与耶鲁人都称羡不已。

其次，对于标志性建筑以及其他有历史价值的建筑，普林斯顿的法律保护非常注意整体性。有历史价值的建筑与一般意义的文物不同，在民法的意义上，这些建筑属于不动产，而一般文物则属于动产的范畴。在文物保护的意义上，笔者认为二者的最大区别，在于作为不动产的历史性建筑的价值体现，必须与其周边景观联系在一起，这就意味着，对历史性建筑周边景观的任何破坏，都必然会导致建筑本身的贬值。普林斯顿的建筑风格保护法规在这一点上出色地提供了双重保护。在大的方面，当地拒绝一切不利于反映这种历史积淀的新建筑，已经给保护城市建筑风格提供了一个基本框架；而在城市中重点的标志性建筑保护上，又特别强调标志性建筑周边的建筑维修改建后不得在视觉上影响标志性建筑的原有风貌。正是由于这样的双重法律保护措施，才使得普林斯顿在走向现代化的同时，依然能够在今天向世人展现这座小城百年之前的风貌。

与美国相比，在有着数千年文明史的中国，比普林斯顿更有历史价值的城镇应该是数不胜数。但是，当历史的车轮进入 21 世纪之后，我们已经没有多少城镇能够像普林斯顿那样，以历史形成的特有风貌向世人展示自己曾经有过的辉煌文明了。分析个中缘由，首要的当然是我们对此没有足够的重视。另外，立法措施上的缺失也是导致我们的城镇迅速失去原有建筑风格的重要原因。以北京为例，“四合院”风格的建筑曾经是毛泽东主席口中的京城建筑典型，以四合院的人际关系为基础，形成了北京特有的胡同文化。但是，改革开放以来 30 多年的发展建设，使得北京特有的居民四合院大幅度减少，代之而起的则是基本上毫无文化特色可言的平庸住宅楼群。结果是一个现代化的新北京出现了，在这个新北京中，以四合院居民为主体的胡同居民比例，已经小到无法传承北京特有文化的地步，而在所剩的胡同与四合院建筑当中，真正能够形成整体历史积淀感的区域已经被缩小到只能称之为“遗迹”的范围。与之相适应，京城特色的经济文化全面衰退，沦落到“遗产”的地步。在这种情况下，作为古都的北京实际上已经无法与基本保留古都历史风貌的罗马、巴黎、伦敦等相提并论。

本文不想对“新北京”的得失过多置评，只想说在保护整体建筑风格这一点上，北京以及诸多有着历史积淀的中国城市做得都不够好。但我们绝不能说在北京以及诸多其他城市的发展建设过程中，对原有建筑风格保护一点都不重视。问题在于，我们过去对于建筑风格的保护，在措施上与保护作为文物的瓶瓶罐罐的动产没有太大区别，只注重标志性建筑的个体保护，而忽视了整体建筑风格的保护。这种保护措施不当，自然不会有理想的效果。试想一下，假如我们在“新北京”的建设中，更多地关注建筑风格与老北京文化的和谐，更多地关注建筑风格能够真正整体反映北京这座历史名城的岁月积淀，那么，我们这一代人留给后人以及全世界的财富，应该比现在更有意义些吧？

作为几千年的文明古国，中国今天能够向世人炫耀的足以展示我们古代文明的城镇已经少得可怜，而我们国家相关立法在这方面的缺失，根本不足以保护这些本来就已经少得可怜的宝贵财富。在这个意义上，美国小城普林斯顿的整体建筑风格保护立法，应该对我们有着非常重要的借鉴价值。

（北京工商大学教授）

城市建筑随笔

丘小云

建筑摄魂

我到过厦门的鼓浪屿多次，前几次走的都是人流如织的规定路线，熙熙攘攘的人，热热闹闹的店，在兴奋中走一遭，过后也没留下什么印象。这次我没有走常规的路线，没有跟大队的人流，仿佛有神灵领路，我在小巷中自在地穿行。 两天下来，我迷上了它。

在黄荣远堂门廊里一站，魂儿就被定在了那儿，恍惚中觉得上一辈子我就在这里。上一辈子我在海天堂构的院子里一定留下过和小伙伴跳皮筋的笑声，要不怎么还听到那熟悉的声音？ 怡园的红墙是多么赏心悦目，杨家园的门柱是那么熟悉，还有叫不出名的小屋，回廊、门窗是那么亲切。石门饱经沧桑，古树枯木逢春。难怪 Air 她到过鼓浪屿以后就爱上了它，在这儿定居了，还说：“离乡背井来厦门鼓浪屿过一辈子的，这个世界上只有 10 个吧。我觉得我将是其中一个。”

鼓浪屿的建筑令人魂牵梦绕，它的魅力在于因地制宜、多元并存，更迷人的在于寄情于物，建筑为情感符号，建筑因情有了灵魂。鼓浪屿的建筑大都和一个家族的兴盛故事有关，可以说一座建筑就是一个家族的奋斗史。这历史簿里寄寓着乡情、爱情、亲情。颠沛流离的海外游子，行走四方的旅人，在异国他乡为了父母、妻儿过上幸福生活而励精图治，而后从四面八方回乡盖起一幢幢新楼房，兴建了大量的西式或中西合璧式的私家宅院。

看到这些风格各异的建筑，就会想起住在鼓浪屿的舒婷和她的《致橡树》：“我如果爱你——绝不像攀援的凌霄花，借你的高枝炫耀自己；……不，这些都还不够！我必须是你近旁的一株木棉，作为树的形象和你站在一起。……我们分担寒潮、风雷、霹雳；我们共享雾霭、流岚、虹霓；仿佛永远分离，却又终身相依。” 这些建筑和留守的人一起分担寒潮、风雷、霹雳，共享雾霭、流岚、虹霓；这些建筑见证了亲人们“仿佛永远分离，却又终身相依”。著名文学评论家、福建师大博导孙绍振教授认为，舒婷此诗最伟大的创举在于，她把分别来自于东西方的两个不同意象——橡树和木棉奇妙地组合在了一起。我认为这些建筑也是如此。

目前，岛上存在19世纪末至20世纪上半叶建造的各式建筑共1000余座，其建筑形式多样，成就了各国各地文化交流的精粹景观。因而，鼓浪屿被誉为“万国建筑的汇集地”。

黄家花园延请中外工程师共同设计。中楼注重欧陆风格，处处显示中西结合的古典美，既具文艺复兴时期的西欧建筑风采，又有18世纪德国贵族的华丽装饰，兼有许多中国传统装饰技艺。

海天堂构中楼5幢欧式别墅，采用中国建筑传统的对称格局，以中楼为主，向两侧展开，中心建一广场，形成一组建筑群。黄荣远堂别墅，一派古罗马风韵，贯通中西，古典现代和谐融合。

汇丰公馆为英式别墅，八角楼属法式建筑，有南欧风格，兼有巴洛克韵味；殷宅就地取材，既有闽南石乡的个性，又具文艺复兴的返璞归真；李清泉别墅正面有罗马式大圆柱，庄严稳重；观彩楼由荷兰工程师设计，它的屋顶颇有西欧风格，门柱为绞绳状，有西班牙风韵，窗楣借用中国乡村民居的铺首形式。

鼓浪屿的不少建筑都用中国传统工艺装饰洋楼的手法，洋溢中西风情，寄托了广大华侨的乡土情愫。

人们喜爱庐山因为其“横看成岭侧成峰，远近高低各不同”，我迷情鼓浪屿，就在于座座建筑个性鲜明；我迷情鼓浪屿，就在于座座建筑透出的那份浓厚的爱情、亲情、乡情！

都市迷途

少年青年时期，我一直盼望能分上房子，生活在火柴盒式的建筑里，觉得无比幸福。后来买了商品房，才知道采光、朝向、内部结构不同感觉各异，再回到火柴盒式的建筑里觉得不习惯，美感缺失。

记得我有一次去上海看望姨妈，她住在徐汇区某某十村，下了出租车，我在一排排外观完全一样的楼群中不停打电话询问姨妈，找了半个多小时才找到姨妈所在的楼房。

我自己住在某小区，晚上开车回家睁大眼睛慢慢寻找，还是常常错过自己那排楼的小路口。

建筑外观的千篇一律，令人迷惑，令人厌倦。建筑在趋同性中如何追求地域特性、风土化和个性化值得思考。

当今社会，多元取代了大一统，多元生活、多元思想、多元吸收、多元创造如雨后春笋。多元并存、多元融合耳熟能详。

思想的多元化、经济的多元化，必然影响建筑的多元化。时代呼唤满足人的需要的生态建筑，通过建筑要素构建呈现情感和思想，满足人们建筑精神功能的要求。人们呼唤创造建筑意象的多样化表现形式。

人与自然和谐共存，人与自然共生性发展，人对生活高质量的追求，必然要求建筑设计多元并存，建筑文化共融共生，必然具有对建筑的情感诉求。如何实现这些，交给建筑设计师们去思考、去创造。

（成都市金牛区教师研究培训中心副主任、特级教师、研究员）

建筑的怪异美

叶廷芳

美与“怪”相联系，这本身就是一件令人吃惊的怪事。是的，当带有一种新的时代特征的美刚露头的时候，总要经历一段让人惊异、摇头甚至咒骂的过程。

君不见，在17世纪的南欧和中欧，一种“怪怪的”的艺术风尚即我们现在所说的“巴洛克”出现以后，一直被艺术史家们冷落了将近200年！因为在这期间，美的形态和法则被以法国为中心的古典主义垄断了！好在事物有它自己的法则，即作用与反作用。后来在浪漫主义兴起的时候，对古典主义发起有力反击的斗士，恰恰都来自法兰西，如美术界中的德拉克罗瓦、音乐界中的柏辽兹，特别是文学界中的雨果。雨果向古典主义者发难时，一句最有力的话是：你们所认定的美只有一种，而丑（即没有被古典主义者划入美的范畴的审美对象）则有千百种！ 20余年后德国的美学家罗森克兰茨于1853年出版了一部论著，叫《丑的美学》，从理论上为怪诞的美鸣锣开道，惊世骇俗。又过了30余年，即1886年，瑞士的艺术史家沃尔夫林经过对文艺复兴与巴洛克的深入研究，出版了一部重要论著《文艺复兴与巴洛克》，雄辩地论证了巴洛克非但没有背叛文艺复兴的传统，相反，恰恰是巴洛克继承了文艺复兴的“艺术创造精神”。又过了10年，美国美学家桑塔耶纳新出版的论著《美感》也为“怪诞”正了名，指出怪诞的价值在于它是一种“重新创造”：它“背离了自然的可能性，而不是背离了内在的可能性。然而，正是内在的可能性构成这些创造的真正魅力”。因此“出色的怪诞也是新的美”。这等于为怪诞从旁门左道走入美学殿堂开了通行证。

这期间，无论文学艺术还是建筑领域都开始出现破常示异的作品，就激烈的程度而言，尤以建筑为甚，其最杰出的代表当推西班牙的高迪（1852—1926

年）。如果说他的始建于 1883 年的巴塞罗那圣家族教堂的设计已是石破天惊，那么他的落成于 1912 年的同样位于巴塞罗那的米拉公寓则更令人目瞪口呆！设计者以曲线手段颠覆了通常以几何造型为基础的欧洲建筑的一切要素，彻底打破了人们的审美习惯；它仿佛是在一块巨大的海绵上雕刻出了许多的阳台、过道和天井，而它们中间没有一个是相同的，连每件室内陈设都不一样。不难想象，这个完全陌生的“天外来客”立即引起巨大的争议，而且遭到最难听的谩骂。然而，随着时间的推移，这个包含着天才智慧的怪诞建筑，牢牢荣登在世界现代建筑史上，即使到了“后后现代”的今天，它依然是经得起推敲的先锋之作，以至于联合国教科文组织来不及等到它的百岁华诞，就于 2005 年将它连同包豪斯教学楼和悉尼歌剧院一起列入《世界遗产名录》，从而使它成为现代美学殿堂里的一座不朽的丰碑。

二战后，创作的多元格局成为更广泛的共识，在所谓“后现代”的语境里，艺术家们的想象更自由了，同时个性色彩也更鲜明了，凡是具有现代意识的艺术家（包括建筑师）都以重复为耻，即既不重复前人的，也不重复他人的，甚至也不重复自己的；他们要求每件作品都成为“我”的“这一个”。不难想象，这不可避免地导致了现代建筑景观中的千奇百怪现象。但这是人类建筑史发展的一个不可避免的阶段，而且人类为其投入了可观的天才智慧，留下了不少里程碑式的建筑，仅就 20 世纪下半叶而言，至少下列建筑都值得一提。

朗香教堂

它位于法国西部一个较偏僻山区的同名小镇，建成于 1955 年。这座只能容纳 200 人的小教堂（外加一个万人广场）解构了欧洲历代教堂的一切特征：你看它那沉重的屋顶，好像一床快掉下床来的厚厚的棉被又被翻了上去；它的墙壁无不弯曲甚至倾斜；它的窗户高高低低，而且形状和大小各不相似。一般人很难解读它的哲学或宗教寓意，好像它被作者赋予了一种神秘性或曰多重解释性。它出自于赫赫有名的瑞士出身的法国建筑师勒·柯布西耶之手，他是国际公认的现代主义四位建筑大师之一。设计之前，他曾不止一次去当地考察，并进行了认真的构思。这座建筑以结构复杂、细处简洁为特征（与传统教堂相反），构想出了一种“视觉领域的听觉器件”，它“像人的听觉器官一样柔软、微妙、精确并不容改变”，从而“成为人与上帝之间沟通的渠道”。

悉尼歌剧院

它始建于1957年，竣工于1973年，施工的难度极大，工期整整延长了10年，造价追加了11倍，以致使国会为此屡屡争吵不休，甚至还迫使设计师中途拂袖而去，再也没有回过东道国。设计师是丹麦的伍重（Jorn Utzon，1918—2008年），他是32个国家233个竞标方案中的曲折胜出者。这一不同凡响的建筑奇观最早大胆地使用了巨大的壳体，一举抹平了顶和墙的界线。但它看起来并不“丑”，甚至可以说很美，因为它像群帆归步，很有韵致，富有诗意（但作者晚年袒露，其创意来自橘子的橘瓣）。然而它一看就不像是一个剧院，因而颠覆了以往所有剧院的样式和规范。从这点上说，它就成为很“怪”的异类了！作为“世界遗产”，它是所有拥有这一身份的建筑物中最年轻的一个——刚过而立之年即进入《世界遗产名录》（2007年）！它的诞生使悉尼埠头出现了一座绝妙的巨型艺术雕塑奇葩，它与周围环境——海面、大桥、高楼浑然一体，相映生辉，是建筑与环境相得益彰的典范。它成了悉尼这座国际名城一道绝美的风景线，从而极大地提高了澳大利亚的文化形象，并且有力地为“后现代”建筑争了光！它也是笔者心目中的建筑皇冠。

蓬皮杜艺术文化中心

它位于巴黎塞纳河右岸，是个彻里彻外的裸露建筑：无数用于建筑结构的钢骨铁梁与数不清的水、气管道交错在一起，看起来很像是个炼油厂或化工厂，与巴黎的传统建筑形成强烈的反差。作为一座总统蓬皮杜亲自主持建造、承载四大文化功能（图书馆、艺术馆、工业创造中心和音乐研究所）的国家级巨型建筑物，以这样怪的面貌出现，在世界建筑史上还从来没有过。但它是从681个投标设计方案中遴选出来的，经过国家最高领导人的批准，建筑师是已经享誉世界的皮亚诺（意大利）和罗杰斯（英国），这可不会是儿戏吧？但尽管如此，当它破土而出时，还是冲击了许多人的审美口味，骂声不绝。然而这种喧闹声后来还是被时间沉淀了下来，今天，任何人写现代建筑史都无法绕开它。

西班牙古根海姆博物馆

古根海姆是美国的一位富翁，他的财富专门用于世界连锁博物馆的经营，故世界各地有许多家同名博物馆，其中早先享有国际盛誉的是纽约古根海姆博物馆，为第一代现代主义经典建筑大师赖特所设计。西班牙的这座古根海姆博物馆建在西班牙一个正在衰落的城市——比尔堡。这座建筑的“怪”在于它是由一系列的双曲面的体量组合而成，曲线是它的基本造型原则。它的外立面乍一看根本不见门窗。其设计师是当代最负盛名的先锋建筑师弗兰克·盖里（美国）。也许它在时间上离我们很近（1997年建成），人们已经见怪不怪了吧，故当它横空出世的时候，并没有引起多大的负面的舆论爆炸，而比尔堡这座原本已沦为“破落户”的城市也因它一下子光鲜了起来！可谓一个“怪”建筑救活了一座“病”城市。

在时间和空间上离我们最近的一座举世皆知的“怪建筑”当推国人最熟悉的北京奥林匹克运动场，即“鸟巢”了！其天才奇想来自仿生学。作者将这座举世瞩目的国际大型体育场设计成一个巨大的“鸟窝”，一个生命憩息的家园。当万千运动健儿从五洲四海飞来于此济济一“巢”的时候，立即唤起全球几十亿不同民族、不同信仰的观众对世界和平、四海一家的宽慰感！在美学上它采用大曲线，极富运动感，这与欧洲17世纪十分流行的“巴洛克”审美风尚相呼应。结构上，它让所有看似杂乱无章的钢条衔接裸露在外，这又与中国传统建筑惯于外露的结构特征相谐和。而场内的碗状大贴面更是采用了大面积的“中国红”，这就最大限度地减轻了东道主观众的陌生感。这座石破天惊的建筑物不仅为首都北京的中轴线增添了一座新的地标，其天才的创意也为世界当代建筑史书添上了新的一笔。此外，“鸟巢”的两位杰出建筑师——瑞士的赫尔佐格（号称建筑界诺贝尔奖的普利兹克奖获得者）与德国的德·梅隆也有一段佳话：两人从幼儿园起就是好友，因而这次合作的成功堪称这对建坛双璧不朽的友谊纪念碑！

总之，一般公众的审美趣味往往带有惰性，常常需要有人在他的额头上猛击一掌，才能使他醒悟。这就是为什么现代主义文学艺术兴起以来，创作中常有人提倡“间离法”或“陌生化效果”，就是要你换一个角度观看审读，引起你对那些习以为常的事物的惊异感，以便重新认识那些熟悉的事物。而先锋艺术家或建筑师的价值则在于：不断震撼你的视觉、听觉和感觉，让你醒悟到，世界上好看、好听、好读的东西远远不止你所熟悉的那些，山外有山天外有天，只要勇于探索，美的天地大着呢！

（著名学者、作家，中国社会科学研究院 研究员）

谈旧工业建筑再利用中的“过度设计”问题

张路峰

在旧工业建筑再利用中，任何设计都是对旧有建筑的介入和干预，是对旧有建筑的改变。所谓过度设计，是指介入的力度过强，改变的幅度过大，致使旧有建筑改头换面，焕然一新，甚至面目全非。过度设计，通常表现为在针对新功能的适应性改造中，不尊重原有厂房或厂区的空间特征和场所精神，混淆新建部分与保留部分的差别，刻意消除工业环境在城市中的异质性和陌生感。比如用高档材料覆盖建筑界面（墙面、屋顶和地面）、原有单层厂房大空间被分割成小空间使用、原有厂区大尺度线性空间逻辑被改造成普通街道网格等。

过度设计，会损害旧有建筑所承载的历史信息和历史记忆，使建筑语言系统发生错乱，变得不可识读。过度设计，实质上是对已保留下来的旧工业建筑的二次破坏，而且，更大的危害在于，过度设计的危害很隐蔽，不容易被发现、被识别，因为过度设计的结果或效果看上去往往会很漂亮、很花哨，很容易带来愉悦的视觉感受，使人受到迷惑，最终忘却改造前后的关联性，使旧工业建筑的保护失去意义。

初步分析，造成过度设计的原因有两方面。一方面原因是显在的，与其设计取费方式有关。旧工业建筑的设计取费不同于一般建筑的取费方式，无法按面积规模计算，只能按工程总造价的一定比例计算设计费。造价越高，则设计取费越高；反之亦然。这就在客观上造成设计方产生通过推高造价而获取更多设计费的倾向和动机。而堆砌包装高档高价材料、大拆大改建筑界面等“改头换面”、“伤筋动骨”式的改造做法显然是提高造价的直接手段。如果改造的“动作”不太明显，而“创意”的价值又难以度量，那么“甲方”付设计费就会非常不情愿。另一方面原因是潜在的，也是更根本的。旧工业建筑再利用项目的设计中，往往对设计介入程度的把握缺乏依据，对适度与过度的判定缺乏依据。当新引入的功能和旧有空间形式差别较大时，往往会通过改变空间形式来适应新的功能，即“削足适履”，因此会造成幅度较大的改造。

那么，该如何把握设计中的“度”呢？让我们先从理论或理念层面上进行一些思考。一般来说，工业建筑及厂区的规划设计都会严格地遵循现代主义“形式追随功能”的信条和原则，在这里，形式是指建筑的实体与空间存在，功能是指建筑空间的使用方式。工业建筑空间形式和布局逻辑会严格服从生产工艺流程的需求，并非为了满足人的日常生活体验。也正因为如此，工业厂房及厂区的材料质感、空间尺度和空间组织逻辑才会让人感到陌生和不适，才使得工厂建筑与一般城市区域和建筑空间的空间氛围大为不同。在再利用设计中，只有充分认识工业建筑的这些特征和价值，不把这一特性当做缺陷和弱点，在改造中不去努力减弱或消除这种特性而是去保护和强化它们，就可以避免过度设计现象的发生。

如果说工业建筑的建造遵循了现代主义的设计原则，形式被功能所规定，那么在后工业时代，工业建筑原有的生产功能已经终结，而其实体与空间形式尚未终结，就需要引入新的功能延续其生命。在这种情况下，功能和形式的关系是松散的，甚至可以是分离的，形式和功能并非一一对应的关系，功能寿命与形式寿命并不同步，形式比功能更稳定，更长久。因此，在旧工业建筑再利用的设计中，应充分重视既有空间形式对功能的规定性，“形式追随功能”的信条要发生逆转，要让形式去“启发”功能，而不是去通过过多改造既有形式以适应新功能。至于新功能本身，也应该带有一定的临时性，保持进一步被更新功能取代的可能性。只有从理念上重新摆正功能与形式的关系，才不会使旧工业建筑的再利用与其保护的目标背道而驰。

在这个问题上，我国台湾的做法非常值得借鉴。在那里，你几乎看不到“过度设计”的现象，因为他们从制度上保障了这种现象不可能发生。旧建筑一旦被列为历史遗产，首要的工作是将其所有权通过收购和抵税等手段转为公有，然后政府部门将其处置权让渡给非营利社团或基金会，由他们负责日常维护和经营管理，这样就从根本上消除了工业遗产保护与再利用中逐利的动机。基金会借用“策展”的模式公开向社会征集使用方案，根据概念创新度、成本效益比、社区贡献率、环境影响度等评价指标，择优确定策展团队进驻。更值得一提的是，进驻后的团队并非一劳永逸、高枕无忧，而是以三年为限，三年后必须接受基金会的评估和其他策展团队的挑战和竞争，如果在三年的经营中历史建筑受到损害，或经营不善，或有邻里投诉，使用权就会被收回。这就从制度上保障了再利用方式的持续优化，避免了对历史建筑生命的一次性终结。在这种情况下，历史建筑的空间形式是长久的，使用功能是临时的，我们后人只是以参与者而不是终结者的姿态加入历史建筑一轮轮的生命过程中。

（北京建工学院教授）

"传统村落"保护的发起和"另一种遗产"的创见

马知遥

"2012 年中国正式启动了传统村落的全面调查，同年进行了专家审定与《中国传统村落名录》的甄选工作。这应是文化上一个意义重大而深远的事件；我深信它必将用黑体字记载于中国文化史上。"①2012 年 12 月 7 日冯骥才先生在《人民日报》上发表长文《传统村落的困境与出路》为当前的传统村落把脉，并创见性地提出传统村落是另一种文化遗产的主张。这篇文章可以说是当前传统村落保护纲领性的文字，他为当前传统村落的保护和抢救提供了一条清晰思路，而这样的智慧也是冯骥才十余年田野思考的结果。2013 年 1 月 6 日《人民日报》发表署名文章专门就此文章进行了评论，认为这是一篇直面现实、正面提出解决问题方法的理论佳作。

早在 2006 年，冯骥才投身非物质文化遗产保护工程中就敏感地意识到：村落保护对非物质文化遗产的重要性。2006 年两会期间他就提交了《关于规划新农村建设要提前注重文化保护问题的提案》，他认为："民间文化的本质是和谐。它的终极目的从来就是人与自然的和谐（天人合一），还有人间的和谐（和为贵），因此它是我们建设和谐农村和先进文化的得天独厚的根基。由于各民族各地域的文化都是那一方水土独特的精神创造和审美创造，它又是人们乡土情感、亲和力和自豪感的凭借以及永不过时的文化资源和文化资本。"在 2006 年 4 月 28 日的《钱江晚报》上他又发出呼吁："保护古村落是一个比万里长城还浩大的工程。"随后在 2008 年 6 月冯骥才在《北京晚报》上更是前瞻性地指出"古村落是最大的文化遗产"，他认为文化的根在农村；非物质文化遗产主要在

① 冯骥才：《传统村落的困境与出路》，载《人民日报》，2012 年 12 月 7 日。

农村；少数民族的文化全部在农村。无论从规模、内涵还是价值来讲，古村落是我们中华民族最大的文化遗产。

他的持续呼喊终于在2012年获得了国家高层的回应，并且获得国家政府的支持。他提出传统村落是另外一种文化遗产，并指出这个遗产和另两类遗产的区别。他认为传统村落“兼有着物质与非物质文化遗产，而且在村落里这两类遗产互相融合，互相依存，同属一个文化与审美的基因，是一个独特的整体”①。而且他认为过去我们的保护只注重了村落的建筑和一些不动景观，忽视了村落中的文化层面的保护。或者只是保护了村落中某些物质文化遗产而忽略了对文化遗产赖以成长的环境的整体性保护。他也发现，因为村落的保护要进行整体性保护，因此必须调动方方面面的专家专门就村落保护做出科学方案。此外，村落不是废墟也不是文物，关键是村落中大多还有居民生活，所以保护村落要注意生存其中的居民生活水平的提高和环境的改善，做到既兼顾了民众生活又保护了村落的整体性。

冯骥才的思想来源于他对社会现实尤其是传统文化现状的敏感和忧心。当他率领专家学者对中国大地上的民间文化进行抢救和保护后，他提出了“非遗后时代”。在他认为，中国的非物质文化遗产抢救工作尽管告一段落了，但这还只是工作的开始，因为抢救之后是保护，如果仅仅是登记造册和挂牌，那样的保护等于没有保护。而紧接着问题更大，中国大地无可阻挡的正在提速的城镇化运动正劈头盖脸地席卷而来，一夜之间就可以让一个村庄消失在地球上。前所未有的危机让他感受到，刚刚抢救下的非物质文化遗产马上要被连根拔起。如果说过去十年是中国民间文化濒危的十年，而目前是要遭受灭顶之灾。城镇化是世界性的，它是全球化文化的一种具体表现。“全球化不是对文化而言的。全球化首先是经济的、物质的，但最终影响最深刻的却是文化的精神的。”②而目前的城镇化浪潮恰恰是世界性的全球化浪潮的具体表现。而如果没有意识到，这样做的后果是传统文化根的消失，那么我们当代人该是后世者的罪人。并不是所有现代性的东西都是正确的，如果现代化是以传

---

① 冯骥才：《传统村落的困境与出路》，载《人民日报》，2012年12月7日。

② 冯骥才，周立民：《冯骥才周立民对话录》，6页，苏州，苏州大学出版社，2003。

统的消灭为代价的，那样的现代化一定有问题。因为任何的现代化都是对传统继承发展的现代化，而不是对过去的全盘否定。然而，城市的建设者或城市的管理者是否已经意识到这个问题，还是一个未知数。在2012年，冯骥才眼看着自己一直投身其中的天津年画村一个个被拆迁时，痛心地喊出了“临终抢救”的悲壮口号。这是无奈的。既然我们无法阻挡推土机，那么知识分子就该拿起他们的笔，他们的录音机、摄像机去记录历史，去为文化存档做最后的事情。“城镇化与城市化是世界性潮流，大势所趋，谁能阻挡？只怪我们的现代化是从‘文革’进入改革，是一种急转弯，没有任何文化准备，甚至还没来得及把自己极具遗产价值的民间文化当做文化，就已濒危、瓦解、剧变，甚至成为社会转型与生活更迭的牺牲品。”[①]文化先觉总是由知识分子担当的，但知识分子如果没有声音，没有足够的影响力，那样的先觉也是无用的先觉。我们只是在书斋里呐喊是没有作用的。看着传统村落在消失却只能口发几声叹息的文人太多了。中国知识分子缺少行动力，缺少为了一个珍贵的文化遗产赴汤蹈火的献身精神。近代历史上，为了文化遗产做出创举的只有敦煌文化保护中的那一批老一代知识分子。而历史过去半个多世纪后的今天，中国传统文化正遭受着比战争还迅速的经济破坏时，行动的知识分子少之又少。“自在的文化是传统的文化。自觉的文化则是以自觉的知识或自觉的思维方式为背景的人的自觉的存在方式或活动图式。”[②]中国乡村的农民，他们用自在的方式保留下他们的文化，在不自觉的情况下，文化在他们身上得到了很好的延续和继承，但在工业文明的冲击下，背井离乡出外打工的现实让他们一次次地开始丢弃自己继承的文化遗产，正让宝贵的非物质文化遗产消失，同时，村庄中少了人的居住，原来那些宝贵的风土人情，宝贵的乡村建筑和民俗也在受到时间的破坏。知识分子首先意识到了村落文化的宝贵，但如果没有乡民的自觉意识，那样的保护同样没有意义。专家式的政府行为，如果不能让村民们获得赞许，最后可能保护的还是一座失去生机的空巢。改善生活提高生活质量，共享文明成果是大多数村民的意愿。如何让保护和村民意愿达成一致，并最大可能地让保护和村民生活水平的提高同步进行，是一个课题。动员和让更多村民理解保护传统村落的意义非常重要，任

---

① 冯骥才：《一个古画乡的“临终抢救”》，北京，生活·读书·新知三联书店，2011。

② 向云驹：《解读非物质文化遗产》，13页，银川，宁夏人民出版社，2009。

务也显得尤其重大。“要保护好文化空间，就要保护文化空间赖以生存、赖以依存的自然和文化的生态。移民、转产从游牧转为定居农业、建筑水坝水库、放弃母语等，可能对一般性群体是进步与现代化的措施，但对于作为世界级的‘代表作’来说，文化空间如果遭遇这些，将是灾难与不幸。”[①]民俗学家们已经意识到了，作为文化空间的传统村落如果受到严重的破坏，一些独具特色的传统村落就有可能不能复原，而极多依靠传统村落生存的非物质文化遗产和珍贵的文化生态都会受到破坏。所以，城镇化发展没错，但在发展中注意对国家认定的珍贵传统村落有意识有步骤的保护非常重要。“非物质文化遗产是活态的、动态的、行为的、实践的、生命的、生存的，总之是一种生活的文化。如果非物质文化遗产不再是我们生活的一部分，或者说，如果非物质文化遗产在文化空间中不再是与生活密切相关的，而成为为他人观赏的，成为为他人演示的，成为纯粹作秀的形式，那它就丧失了自己的生机、生命与活力。”[②]最怕的恐怕是在传统村落保护中，打着保护的旗号，将其中的宝贵的非物质文化遗产作为旅游的资源进行开发，如果开发利用得正确也好，只要开发利用就不会不考虑商业利益，一些非物质文化遗产表演节目就成了供游客观赏的文化娱乐节目，其过去在村庄中的神圣性或者节俗性质有可能被破坏，其文化功能消退，被商业价值取代。更为令人担忧的是，为了更好地吸引游客，传统村落的保护很可能将顺应商业化开发的需要，对民间文化进行改头换面的所谓“创意”，结果那些需要保护的原汁原味没有了，取而代之的是被改造或者改编后的民间文化，那也应引起警惕。

“当代农民遇到真正的文化问题时，恐怕并没有人去想或为他们去想。他们被切断的不只是一个物质贫困的历史，还有他们世世代代积淀在那里的看不见的东西——文化与精神。他们将失去记忆、特有的文化与习俗、与生俱来的劳作习惯与天人关系、土地里的祖先及信仰。”[③]传统村落保护的最终目的其实是保护好在城镇化发展中将遭到破坏的中国传统的文化与精神。无论是古建筑、古戏台、古井还是古老的民间传说、民间工艺，对它们的保护就是对传统精神文化的保护。过去常常把村落

---

① 向云驹：《解读非物质文化遗产》，240 页，银川，宁夏人民出版社，2009。

② 向云驹：《解读非物质文化遗产》，241 页，银川，宁夏人民出版社，2009。

③ 冯骥才：《一个古画乡的“临终抢救”》，51 页，北京，生活·读书·新知三联书店，2011。

文化当做下里巴人的文化，认为没有什么文化价值，那是对村落文化的误解。在全球化的今天，保护文化的多样性，保护文化的独特魅力，已经成为共识。

2012 年 4 月国家四部局——住房和城乡建设部、文化部、国家文物局和财政部联合启动了中国传统村落的调查，并把盘查家底列为工作之首要，目前已经公布了国家首批受到保护的传统村落名单。名单的公布以及专家队伍的成立，标志着一场轰轰烈烈的传统村落保护工作又即将展开。如何保护，保护什么，保护的标准是什么，怎样落实责任？冯骥才认识到，传统村落保护和当前的城镇化建设可以并行。城镇化建设是需要的，但对那些珍贵的村落在建设前需要经过专家的论证，做出科学合理的规划很重要。同时不能眼睛只盯在旅游和商业开发上，对传统村落的特色文化可以利用，但前提是不破坏村落固有的文化特色和生态环境。

从村落保护的具体工作出发，冯骥才结合自己多年在国外文化遗产经验交流中获得的启发提出“露天博物馆”的想法。“在确定保护的较为完整的传统村落之外，还有些残破不全的古村虽无保护价值，却有一件两件单体的遗存，或院落、或庙宇、或戏台、或祠堂、或桥梁等，完好精美，颇有价值，但孤单难保，日久必毁。”[①]对这类村落遗产可以进行集中保护，以露天博物馆的方式，让人们在观赏中体会到这一地区曾经具有的历史文化特色，或者民俗风情。这种实物展示可以弥补村落整体性保护后，那些单个的被遗漏的文化遗产的保护问题。

传统村落是另一种文化遗产。这一主张将引领世界文化遗产保护的新潮流。这一主张此前在世界性的文化遗产保护中还没有被专家提出，而实际上，这是一个事实。所有的非物质文化遗产生存的土壤在乡村，大量的具有浓郁文化特色的物质文化遗产也遍及乡村各地。对乡村的生态文化、文化空间进行整体保护就是为传统文化留住根，留下最后一道防线。而这个主张又是如此及时。如果任由城镇化大力发展下去，如果不考虑传统村落的问题，那些受到保护的或者还没有机会保护的文化遗产一定会遭到灭顶之灾。提出传统村落是另一种文化遗产对今后的保护工作有极大的理论指导意义。这将避免村落保护以村落建筑为主的保护倾向，也避免村落保护仅仅局限于民俗文化保护。充分意识到村落文化的整体性，认识到村落活态保护的重要性。正由于传统村落和物质文化及非物

---

① 冯骥才：《传统村落的困境与出路》，载《人民日报》，2012 年 12 月 7 日。

质文化遗产有很大的区别，所以，在制定保护方案、建立专家认定队伍时也和过去的文化遗产保护有了很大区别。来自人类学、民俗学、建筑学、考古学、设计学、美术学等方方面面的专家学者都将介入，真正实现跨学科的协同攻关。

以目前中国保留下来的传统村落来看，规模和数量仍旧可观。照此保护方式进行下去，传统村落的保护和研究为跨学科研究指出了一条崭新的而且与现实密切相关的通途。而以村落为考察对象，带动的也是一种新的学风：实地调查，实物取证，整体研究，为传统村落立档，为传统文化的民间文化的搜集整理创造更为优越的条件。最为重要的是，村落的保留为今后当代人对传统文化的认识和理解提供了便捷的通道，也为中国大地留下了宝贵的人文风景。

时间会告诉我们，冯骥才关于传统村落保护的创见在今后的中国传统村落保护中的意义将越发彰显。

（天津大学冯骥才文学艺术研究院）

成也萧何，败也萧何

朱光亚

这么多年搞技术工作，搞到最后我觉得技术工作没有意义。在国外，前期的策划、调研、定位等工作都是由建筑师来做，但在中国，由于过去20世纪后半叶的巨大变化，所有的设计师都是对他的领导负责，而不是业主。就是对各级官员，有垂直系统的，有横向系统的，所以这样决策问题延续到现在，虽然我们已经是市场机制了，但是我们决策的体系跟真正的市场机制不一样，这种情况下，我们如果希望继续把工作做好，就不得不去思考一下这个问题。

中国有自己的国情，加入WTO后虽然有统一的要求，但我们还是跟人家不一样。以注册建筑师制度为例，中国所有的注册建筑师都是跟设计院捆绑在一起，国外的注册建筑师，他的证件和签字都要自己承担相应的责任。我不敢说中国的这个制度一定不行，因为它存在这么多年就有它存在的价值。但在某些工程上，我们确实看到，如果一个英明的领导有眼光、前瞻性、民主的程序并且懂得科学，很可能他的决策会使我们省去大量的时间和弯路。作为一个地方政府的领导，总结前任以及前前任的经验教训，做出不断的改进，当然也能做得比较好。比如，北京城原来还有25片历史街区，现在又增加了几片，是因为发现过去我们拆除太多，剩下这些东西我们尽量保，所以北京市在现有这种现代化的高楼林立的环境下，依然在尽力保护一些历史文化街区，并且做一些文化工程。北京提出来中轴线申遗，也许有的同志说，北京申遗其实就是赶时髦，都拆得差不多了，最后就剩一条线来申遗。我当时也这么想，但是结果调查了一下，还真不错，站在鼓楼上头，站在永定门往回看，站在景山上看，中轴线这一带还有大片的文化遗产。所以总的来说，我们觉得接受前人的教训，在力所能及的范围内进一步开展一些工作，虽然是亡羊补牢，但是犹未为晚。

全国的专家对南京市的不断批评，使得今天的南京市政府改变了他们的房子，还实施了一些项目。当然在实际工作上，其实做得不到位，比如，梅岩新村是八路军驻宁办事处，是周恩来、董必武曾经工作的地方。那些老房子前几年修了一次，因为资金不到位，我们就涂脂抹粉，只修门面不修里面，把沿街立面都贴上砖，其实这已经把房子修坏了。还有一个值得思考的借鉴是大运河。大运河以北，徐州附近的窑湾镇，当年是大运河上的一个镇，是苏北保存最好的一个镇，但是由于地方政府过于激进，在修缮的过程中先做规划，规划还没做完，修缮工程就已经开始。当时我就动员负责搞规划的另外一个老师，我们一起写了一封信，提出不能把它作为献礼工程，在规划还没有完成的时候就开展修缮是很危险的，如果一定要献礼，那就把献礼日期调整一下。这是领导高度重视带来的问题，就是高度破坏，虽然我们写信呼吁，但是实际上没有得到支持。

这几年，在具体的保障机制上，南京市也发生了重大的调整，采用小规模、渐进式、院落单元修缮有机更新方式，不得大拆大建，积极探索鼓励居民参与保护规划实施，实施自我保护更新的方式，尽力完善历史建筑的长期修缮机制，碰到历史街区，就不再做献礼工程了，一个院子一个院子修，再由政府给予资金补偿或者政策倾斜，避免片面追求资金就近平衡，建立差别化考核制度和财政转移支付制度。另外我们要求各个区政府要遵循基本建设的正常程序。因为很多地方，领导的力度越大，危害性就越大，有的人利用程序的空子，内外勾结，自己捞到钱了，你还挑不出他的毛病，我们对这种领导非常痛恨。

关于决策，各级行政技术领导都谈过这个问题，谈的基本上可以说不痛不痒。老谈这个问题不痛不痒，那就说明没到要害，最后找到了全国政协委员潘祖饶，他是香港原建筑师协会会长，现在是华人建筑师协会的理事长，他在政协会议期间对新闻媒体发表的意见，就说到中国当前的基本建设九大问题，这九大问题有五大问题都是决策问题。第一，规划论证不合理，政府换届，规划改样，无视专家意见；第二，首都效应，北京干什么，外地跟着干什么；第三，千城一面；第四，高大全思想横行；第五，建筑师缺乏话语权；第六，非洋不取，对外国人的建筑方案奉若神明；第七，被破坏的近现代建筑；第八，建筑质量问题；第九，献礼工程、政绩工程、标志性工程，这都是领导工程。我在加拿大的时候，作为中加交流的人员，加拿大政府每个月给我发钱，我每个月到银行存钱取钱，我都很感谢那个银行，没想到我的华人朋友当头一棒，把我猛批一通。他说，那个银行是我们的，那个银行全是我们的血汗钱，我一听恍然大悟，这就是一个公民国家，和我们这种国家的差别。我们现在还没有树立这种公民意识。评价城市公共建筑形象价值的不是领导，而是价值主体。市长、书记是价值主体的一部分，但是不代表全部。通常我们都认为，领导人都是代表党、代表人民，这是权威民主。但是他们的每一项决策和每一次连任是否天然地代表着人民和体现着纳税人的意愿和利益，未必。

那么再回归另外一个本源性的问题，建筑的基本特征是什么。建筑类设计区别于服装设计、工艺品设计及工业产品设计之处表现为建筑不能像服装和普通艺术品那样可以移动，可以不喜欢就换一件，可以只承担社会对它的某一两个方面的要求，可以只由一个设计师完成。建筑不是这样，建筑要耗费大量的材料、能源、技术，在多个设计层次上多专业合成，在技术发达的现在，要移走或者拆除一栋建筑代价高昂，万千百姓和建筑有交往，有自己的体会和判断。所以建筑必须承担起社会不同的相关者对它的“金字塔形”的多层次的需求：包括最基本的使用和空间需求、安全性需求、物理性需求、文化性需求，甚至到艺术和生理、心理的需求。在发达国家，政府是委托建筑师事务所或者建筑咨询机构中的注册建筑师承担这个工作，我国由于过去的历史原因，形成了计划经济时代，就是这种制度。所以我们设计师不对客户负责，我们只对图纸负责。现在地方政府做可行性研究，可行性报告建议，找一批看领导眼色行事的人来做，做的不是可行性报告，而是“可批性报告”，就是领导掌握着决策大权，你知道他的意图就按他的意图做，符合他的意图就批，不符合意图就不批，而不考虑科学性。原建设部部长叶如棠就讲过一个故事：某个城市举办设计竞赛，书记一看第一名是本地的建筑师，马上宣布无效，因为他要求外国建筑师设计。所以在这种权力的决策机制下，业绩需求压倒了科学精神。推动中国城市重要建筑诞生的，不再是建筑师的思考，而是长官意志及背后的官场规则，在这种规则的引导下，唯上是从代替了是非的简单判断，甚至使很多行政官员丧失判断能力，养成了阿谀奉承不说真话的习惯。

目前的制度完全改变不大可能也不大现实，我的题目叫：成也萧何，败也萧何，所以我们怎么让它成，而不是让它败？我提出一些建议。

第一，各级党校行政学院开办有关项目决策、科学性、城市文化塑造的课程，开设关于公民权利和政府义务的课程，开设关于城市规范化建设投标方面法律法规的课程，讲解项目策划的重要性和基本内容，强调社会化设计工作的必要时间保证，讲解城市重点工程，辩驳领导个人业绩工程的危害性，改进现有的机制，避免仓促献礼和硬性要在任期内献礼的做法。

第二，改善当前的新闻报告的管理办法，对各种媒体真实揭露错误决策造成巨大损失的事件的给予奖励表彰。

第三，改进建筑工程设计招标投标管理办法。这是关于招标人，这个很模糊，最后政府领导变成了招标人，又不承担相关的责任，所以希望研究这个问题。另外就是中西部地区，政府没钱，政府领导的很多想法都是好的，但没钱，又要打知名度，所以可参考日本的做法，采取设计提案方式，文件审查方式。首先征集单位，对所有投标的单位的资质、业绩、负责人、获奖情况进行筛选。

历史名城主要是靠保护已有的建筑文化遗产，即真实载体来实现的，不是靠打造。毁弃尚且存在的建筑遗存，或者将真实遗存当成道具搬来搬去为今天的旅游服务，这是舍本求末。文化遗产如果始终只有自上而下的保护，没有自下而上的保护，就意味着得不到老百姓的支持。文化遗产项目要面向未来、面向后代的需求，而不要只考虑眼前的业绩。

（东南大学建筑学院教授）

艺术需要怎样的引领

卢　炘

我要说的第一句话是，希望这篇与某些美术媒体不同的声音，或者说批评某些美术报刊的短文能见诸报端。因为有朋友劝我不要写，媒体得罪不起，写了也不能见报，可我不信。

今年初，某画院举办该院艺委会老艺术家的作品展和座谈会，主办者的目的是把这些作品作为学术标杆，敬重老艺术家们的艺术、学养和对文化发展的自觉担当，高扬中国画的优秀传统，从而更好地将其传承和开拓。虽然准备工作有些仓促，画展没有出画册，但这些七八十岁的著名艺术家不负众望，在很短的时间内就提供了自己的得意新作，一进展览现场观众便能感受到那种浓浓的高雅、纯净与和谐的氛围。

与会者纷纷发言赞扬这样的展览非常有意义，有引领艺术发展的作用，同时结合当下艺术市场浮躁、繁杂、急功近利的现象提出了诸多批评，对只要出得起钱，什么作品都能在有声望的媒体刊登宣传的现象特别不满意。其中一位较少在公众场合露面的老书画家谈到某美术报刊介绍的东西有不少实在太烂——不伦不类，不堪入目。他甚至直吐真言："这样的报我根本就不要看！"这显然有点过激，然而圈内人都知道他是希望美术媒体有责任担当，用心良苦。

然而在场的该报同人坐不住了，他们虽然年纪不大，可都是资深编辑记者，与我也是老相识。他们首先发问："我们的报是给谁看的？不是给画家看的，也不是给理论家看的，是给老百姓看的。"话说得似乎有理，但笔者实在不明白，老百姓难道就不需要高雅艺术的享受吗？老百姓就不需要在普及的基础上不断提高吗？画家、理论家不是老百姓吗？另一位编辑说得更加直接："艺术不需要什么人来引领！"

本来我也不想参与此类争论，感到没意思，自己也老朽了，无须多管。因为与在场的一位该报领导个人关系还不错，就向他请教。没想到他的回答也很令人意外，他说非常赞同那两位编辑的观点：“报社要生存，经济最重要，发行量最重要，我们‘画家’栏目就是打广告，版面费还要提高。”并且透露：“上面有内部评判标准，广告必须达到一定量，否则就会被停刊。现在我们报社收入效益翻了三番，发展非常健康。”眼前的他正是负责学术版的该报领导，我愈发不理解了，这才萌发要写这篇短文的念头，问一问艺术需不需要引领？需要什么样的引领？

艺术创作自由没错，但艺术家要自省、自律，要有一份社会责任感。艺术作品一经传播就会产生社会效应，并不完全是个人的一种发泄。媒体也应该有同样的使命感。林风眠先生秉承蔡元培先生的主张，早在1927年就说过：艺术是“精神的安慰”，是“人生的调剂者”，能把“感情及美，浸入赏鉴者的心肺”，消除“各自的自私之见”。潘天寿先生也说：“好的画，好的诗，可以使人超脱名利欲望的束缚”，“高尚的艺术，能使人心感悟”。媒体若挑选好作品，并用准确的评语介绍画家及其作品，读者就能得益；真假不分，好坏不辨，忽悠读者，其实就是误导，与坑蒙拐骗又有何异？拍卖行的假货泛滥已够使人头疼，美术媒体又声言谁都有发表作品和叫卖作品的自由，主张废弃引领，那么现在我们还能相信谁呢？难道媒体早就与艺术市场保持了不为外界所知的默契和利益挂钩……真不敢细想。

当今有些美术报刊属于亚健康，甚至不健康，而居然声称“非常健康”，若无其事，但愿！大众美术很需要有高尚的优秀艺术家进行学术引领，艺术的高下毕竟是有标准的。以为不需要什么人引领，但客观上只要报刊面世，媒体的导引作用便存在着。为了小团体的同人利益、自我利益进行炒作，那种“引领”不是专业引领，甚至连正规的商业引领也不是。

（中国美术学院教授）

由“特事特办”到丧失话语权

韩冬青

建筑师现在大多都有一种心态：“建筑设计是携镣铐而起舞。”起舞是自己的愿望，但是镣铐非常多。如果以量来论的话，建筑师的行业可谓实践多而反思少，行多于思。如果以速度论，则是动作快，而思考慢。建筑师的手脚行动得比脑子快，还来不及想清楚就要做一个设计的判断，还没有来得及做一个设计的判断，就已经开始施工。这就是建筑界现在风行南北的“特事特办”，大江南北都是在特事特办。

这种状态会越来越让社会质疑，建筑学到底是一个什么样的学科？这个学科还能不能够成立？如果可以这样，也可以那样，特事特办都成为一种常态，那么建筑学这个学科原来所遵循的那些规律便都可有可无了。如果建筑师们不警醒这个问题，则永远都不可能获得话语权。或者说，让你讲，你也不知道该讲什么了，就是会自觉地失语。历来，相比社会上其他行业和学科，建筑学在进取方面有一种后置性。建筑学科内部甚至存在着一种不以为耻、反以为荣的沾沾自喜的心态，那就是普遍缺乏对于这个学科科学性的充分认知。所以，我们不以算不清账而耻，而以此为荣，大多数建筑师都拼命想证明自己数学不够好。

这一点我们可以从一个现象当中发现，就是建筑教育当中的基础课程。几乎所有院校的建筑教育中的基础课程，都要相比其他课程而边缘化，而几乎所有的国民建筑学的培养方案都会把结构、设备、物理定位为专业主干课程。但是在教师和学生的心中，这些课程从来都没有被放到主干上面来看待。我觉得，好像现代建筑在中国这么多年来，只剩下一个形式。它的社会学意义和科技进步意义，是从来没有被证实过的。

换个角度看，我们再拿一个建筑学人非常耳熟能详的词——“空间”来说。“空间”这个词几乎被很多建筑师认为是学科特有的词，其实这个词也不是原发在建筑学领域，在中国建筑学领域的传播过程当中，这个词要大大滞后于艺术领域。美学大师宗白华先生在 1926 年到 1928 年期间一个关于艺术学的演讲当中有这么一段话：“由自由空间中割出若干小空间而又联络若干小空间而成一大空间之艺术，故建筑为制造空间之艺术，最初之目的为应用，由此来表达其理想。”而我们建筑学领域内涉及空间概念的学科领域中，最早萌发“空间”这个词的是 20 世纪 30 年代以后的事，而学界开始普遍知道的一些公共事件是 20 世纪 60 年代冯纪忠先生的空间原理，做到一半被批判。后来一直到 20 世纪 80 年代，空间才作为教材当中的必备内容，被广泛列入中国建筑学的学科教育当中。

从专业里面最关键的这些术语来看，建筑学在吸收相关学科的贡献方面，反应一直比较慢。但是有一个词一直甚嚣尘上——“风格”。正是“风格”这个词，使建筑学整个丧失话语权。“风格”这个词，源于艺术风格学、艺术史学，以风格为关键词来解析艺术史这个领域。建筑学所涉及设计的复杂性，是不可以用风格来概括的，它甚至不是建筑设计的基本问题。但是，风格恰恰正是门内和门外进行接触的一个通道。专业领域和非专业领域交流建筑学，或者交流建筑设计，差不多都可以在风格上面来达成一种共同的话语氛围。那么，如果这个词语仅仅用在跟外界的交流上，并无可厚非。但如果将“风格”这个词作为专业领域内的一种学问来研究，那么问题就非常大了。

实际上有很多学者早就已经指出，如果仅仅用风格来理解建筑学，就会必然陷入一种表面而虚无的形式之中。实际上风格是跟随着样式一个个时代去走的，如果当下的建筑设计基本方法和规律不是跟着样式走，那“风格”这个词就必须停止其影响。如果不能摆脱风格这样一种思考问题的方式，建筑师就不可能获得我们这个专业所应该拥有的自律性，也谈不上话语权。

（东南大学建筑学院副院长）

我国公共建筑外观的检讨

童　寯

某君预祝一个建筑师的战后业务，因复兴工作的突飞猛进（国人抗战期间最喜用的赞词）而前途无量。这建筑师幽默地回答说：他将来不饿死便会忙死。他的意思是，我国战后很可能有几年不景气，哪里会有新建筑？相反，也可能有几年繁荣而大兴土木。这两种现象都不好。若干建筑师赋闲，固然为社会之累，但如建筑工程——尤其是公共建筑—— 发展像潮涌一般，使每个建筑师感觉手忙脚乱，急于完成施工图样，只求平面布置可以通顺，而无暇对建筑各立面加以深刻思考，使其成为精心之构，岂能说是百年大计正轨？！

一个房屋既然建筑在中国，就应该多少表现一些中国色彩。我羡慕中国女人的旗袍，合用美观而不脱离本地风光。中国现代的建筑师，不等于逼使中国女人穿不三不四的西装！我们要知道，中国男人虽许多已毫不思索地接受了西装，但哪有一个聪明的中国女人，舍弃旗袍而穿西装呢！穿西装的男人，倒罢了。更有蟒袍玉带之下，穿毛呢卷筒外裤和皮鞋的“文艺复兴”绅士们，会一度出现在各地进而深受欢迎。我们希望宫殿式洋房，在战后中国的公共建筑中，不再被有封建趣味的达官贵人们考虑。以前很有几座宫殿式的公共建筑，是由业主指定式样而建造的。

在建筑上，中国人用木的本领，自古即与西洋人用石的本领不相上下。但喻浩一部木经，可以包括中国各式房屋建筑的原则，而木工在西洋建筑上，只能限于装修屋架等部（美国的鱼鳞板住宅和英国的半木架 half timber 可认为是仅一格的权宜措置 ）。唯其以木为主体，故旧日中国公共建筑，如宫殿庙宇衙署，无处不在保护木工上着眼。譬如，为恐木工受潮，故有石础须弥座甚至高台以护柱脚，有宽大出檐以护柱身及门窗。又因屋檐过度挑出，故用复杂斗拱制度以供支承。如彩画油漆，也是保护木工，使其免朽烂的办法。结果形成一种美观而合情理的建筑物。但是时代不同了。20 世纪的物质文明，逼迫着人类趋向新标准、新做法。如果新的建筑做法，全以木材为标准，那么我相信中国旧式建筑制度，会在世界上发扬光大，像吉普车在任何地方都风行一样，中国的建筑师更应毫不迟疑地引用古人成规。其中也许掺加些新学理和计算，但大体上只要各地有无尽的森林来供采伐，唐宋的淳朴浑厚建筑规例已足够我们遵循，无如现代建筑标准早已趋向钢铁水泥。而建筑物内部布置，亦日益讲求集中紧凑的平面，且有时需要多层的高度。在这种情形下，中国木作制度开始动摇。旧式一层正厢走廊天井多进的平面布置，显然太散漫而不方便。因此中国各都市新兴的公私建筑，实难怪其采用西式。但我们反对的是，这西式采用得太盲从，只是抄袭而已。

中国木作制度和西方钢铁水泥的做法，唯一的相似之点即两者的结构原则，均属架子式而非箱子式，木架与钢架的经济跨度相比，开间可差一半，因此一切用料权衡，均不相同。拿钢骨水泥来模仿宫殿梁柱屋架，单就用料尺寸浪费一项，已不可为训，何况水泥梁柱已足，又加油漆彩画。平台屋面已足，又加筒瓦屋檐。这实不能谓为合理。中国旧式木窗，因糊纸或嵌明瓦的关系，其棂格的各种疏密花样，兼实用与美观而有之。但如在玻璃甚合用而又风行的今日，硬将门窗棂格做成密集仿古花纹，使 50% 的光线不能透过，则除引起一点考古趣味外，毫无其他可取之处。将宫殿瓦顶覆在西式墙壁门窗之上，便成为现代中国的公共建筑式范，这未免也太容易了吧。假使这瓦顶为飓风吹去，请问其存余部分的中国特点何在？我们所希望的，是离开瓦顶斗拱须弥座，而仍能使人一见便认为是中国的公共建筑。欲达到这目的，既然不能由平面的地方体现，恐只限在压顶墙基正门附近，或借雕饰或借彩色，多少点出一些中国风味。教会大学建筑式样，本系西人所创。他们喜爱中国建筑，又不知其精粹之点何在，只得认定最显著的部分——屋顶为中国建筑美的代表。然后再把这屋顶移置在西式堆栈之上，便觉得中国建筑，已步入“文艺复兴”时代，居然风行一时。这种式样，在今后中国的公共建筑上，毫无疑义地应当成为过去。我们晓得近代欧美建筑，也有不少在钢骨水泥架子的面上贴一层很薄希腊罗马古典外表的。其不合理与滥覆宫殿式瓦顶不相上下。所不同的，在欧美，这种建筑既不受诋毁，也不会有人誉之为“文艺复兴”。这是中国的批评家和观赏家所应知道的。

西洋建筑，在竞尚文艺复兴的古典时代过程，各国亦自具有特殊风格。意大利的房屋，很难被误认为法国的。自从钢骨水泥风行以后，建筑技术在简化施工及统一标准的科学方法下，这特殊风格，无疑大见削减。但仍不免有些微妙不同之点存在，表明两国人的性格。中国的公共建筑，既然不能脱离今日公认的一般标准，自不易在国际上所表现的微妙不同几点以外，更有轰轰烈烈的创作。一个比较贫弱的国家，其公共建筑，在不铺张粉饰的原则下，只要经济耐久，合理适用，则其贡献，较任何富含国粹的雕刻装潢更有意义。反之，如硬覆宫殿式瓦顶，便已白白浪费天花板上黑暗气楼的地位。开老虎窗吗？恐怕在宫殿顶上开窗希望仍像宫殿，和使钢骨水泥建筑不像洋房一样困难。但是我们也非绝对认定中国旧式瓦顶为一件要不得的东西。在钢骨水泥材料不易办或不经济的地方，发动公共建筑，未始不可以参用旧式做法，索性加入些古典趣味。总之，建筑设计，不能离开忠实原则。只要无所隐藏或削足适履，或抄袭模仿，勉强凑成，则一个建筑物无论大小，无论经过多少时间，自会有地位而不磨灭的。

若以为凡是中国建筑即应有瓦顶，这也不尽然，以前所造的砖石宝塔和节孝牌坊，何尝都用瓦顶，但这些建筑物，无一不充分表现中国的艺术特点。宋人绘画中的楼阁，固然各式殿顶花样繁多，而台则无瓦顶。若把桥碑等物也列入建筑，则瓦顶即为不必需之物，式样也不因为无瓦顶而失去中国风味。进而言之，边疆诸地，如青海康藏，其寺院除一二系瓦顶殿宇外，其他概为平屋顶。最奇怪的是，这些平顶建筑，绝不会令人误认为洋房。这种式样，在绥远也看得见，普通称之曰“招”。即离北平咫尺的热河行宫，其中亦有不少平屋顶格式建筑。有时也平顶和瓦顶在一个建筑上混用，看起来还算调和。大概平顶建筑之所以风行，都在木料不易办到和木作制度不发达的地方。雨水稀少，也是不需要瓦顶的一个因素。若非招式稍含宗教彩色的话，我们很希望普通公共建筑酌采取这种外观。无论如何，创作这招式的建筑的先民，其天才是值得赞美的。

抗战前我国建筑间有不用宫殿式屋顶而仍带有中国作风的，这已是好现象，并证明中国建筑师也有觉悟，不肯随波逐流。抗战军兴，后方虽亦有公共建筑在修造，但几乎全为临时性质因而简陋不堪，实难衡以公共建筑的标准。吾国建筑师战前几人的努力，经此间断，受挫折不少。现在快到重新有标准、有计划的建设时期，譬如图画板上，铺一张白纸，设计人的铅笔线，可东可西。我们希望这铅笔线是接战前正在摸索进行的步骤而趋向光明。建筑比其他艺术多些困难。绘画雕刻，很多艺术家可以凭想象创造伟大的作品，其成功的媒介比建筑师所需要的简单得多。建筑工料，何等繁重！若无业主出资兴造，终等于纸上谈兵。即使某一图样得以实现，但若实际表现不能像设计图样时所预期的那样美满时，在今日讲经济的原则下，真不易有随便拆毁另做的机会。在这点，绘画家和雕刻家有较多的改善自由。建筑师时常一图既定，便有驷马难追之悔。既无屡试屡改的方便，建筑师每次的创作，尤其是在公共建筑方面，是近于赌博的，无怪大多数建筑师保持中庸，作品也陈陈相因了。

公共建筑除自身有庄重或宏伟的外表，区别于一般工商业或居住等房屋，尚负有示范于公民而培植审美观念的任务。在这点，一个人认为三座大门，尚需加石柱若干，方算完美，否则无不瞑目。这图书馆的式样，虽然有人批评其太陈旧，但未曾有人公开指陈三个大门刺目。建筑师于当初设计时原已尽能竭智。但若干年后，又发现有改善的必要，这纯系良心驱使，其忠于职务，是值得敬佩的。

市房造于马路两侧，虽系私产，政府也有权管制其式样，而应该认为它与公共建筑有关，尤其在我国都市，门面建筑庞杂混乱，政府应对其外观加以过问。在广场四周，更应有规则地管制其房屋高度及立面，使广场具有一种中心及环抱的意义。这种市政工作，比改些路名和每家必立旗杆更紧要且更有裨益。在城市计划中，宜将公共建筑各地预留出或圈定征收。各公共建筑周围，应留空地使其与普通房屋隔离，前面更应空旷以壮观瞻。尤其是车站、剧院、会堂前面，除非有巨大的广场，否则车辆和行人的交通，是不会安全而如意的。都市街道计划，若能处处与公共建筑配合，加上公共建筑本身的美丽庄严，那真使观者有锦上添花之感了。

（著名建筑学家、原东南大学建筑学院教授）

把多一点的目光转向发展中国家的建筑明星

——吴良镛先生在印度对我说的一番话让自己拓展了建筑视界

布正伟

不论信息来自哪里，如果心灵受到激发，进而能悟出从业人生轨道上该出现的“大拐点”，那就是一种无比幸运的降临……

1989年年底，我从中国民航机场设计院调入建设部直属系统，和肖世荣、范迺麟共同组建了“中房集团建筑设计事务所”，就任总建筑师（1995年兼总经理）。这是建设部设计体制改革中成立的第一家建筑设计事务所，叶如棠部长亲自关注过此事。尽管批准的编制仅70人，但却包括了各个专业，且属甲级设计资质。由于这已不是沿袭原苏联几百人上千人的设计院体制，所以，我对“走出一条新路”充满了希望。然而，在新条件新环境下，努力进取的方向在哪里？当时，还真不知道怎么才能让自己的头脑开窍。没想到，创办事务所的第二年，一个幸运的机会就来了……

1990年初秋，我撰写的论文《中国城市建筑的环境、文脉与风格》上报中国建筑学会后，被确定译成英文在10月印度新德里召开的第4届亚洲建筑师大会上宣读。中国建筑师代表团的团长是吴良镛先生，与我同行的还有严星华总建筑师等。赴会途中有一个小小插曲——我们乘坐的国际航班在曼谷转机时，吴先生的行李被漏掉了。到了新德里，我们住进了会议安排的宾馆。天气炎热，又没拿到行李，吴先生连一件换洗的内衣都没有。更让他着急的是，行李中还有准备赠送给印度建筑界朋友的“唐三彩”礼品。当我知道德里机场答复“尚不知行李何时能到，要等通知”后，随即把自己带的整洁的内衣内裤送到了吴先生房间。本想不打搅他休息马上离开的，而吴先生却颇有兴致地留我交谈起来……

作者在第 4 届亚洲建筑师大会上宣读论文《中国城市建筑的环境、文脉与风格》

虽然谈话时间不算长，但却给我留下了两个很深的印象：一是，作为建筑界前辈的名师名家，吴良镛先生平易近人，很愿意和我这个 50 岁的中年建筑师开门见山地沟通学术思想（记得后来在会场休息时，吴先生问我的论文讲什么，还很有兴趣地看了我为说明《中国城市建筑的环境、文脉与风格》论文的基本观点特意手绘的 4 幅插图）；二是，他对我们这些热血方刚的中青年建筑师，抱有殷切的希望和热忱的期待。正因为这样，那次吴先生对我讲的中心内容，我可以原汁原味地记写下来："你年富力强，又赶上了改革开放，条件很好，但还得要把握住方向。现在很多人都只把眼睛盯着西方的建筑大师，多半是出于盲目崇拜。我希望你不是这样，要把多一点的目光转移到发展中国家的那些建筑明星身上，要知道，发展中国家也有自己的建筑明星，像埃及、印度（后来我知道还有中东、东南亚、拉丁美洲的一些国家）……多注意一下他们是怎么想的，怎么做的，这样，你就一定可以从他们身上学到在西方建筑大师那里学不到的东西……"20 多年过去了，但我仍然忘不了当时听到这些话的时候那种"触电"般的感受——自己仿佛是裹挟在婉转的忠告、鞭策和鼓励的情境之中。

这也难怪，吴良镛先生在新德里对我说这番话时的背景，正是西方詹氏后现代建筑思潮以及后来菲利普·约翰逊赞赏的解构建筑之风，这两方面的影响力在中国持续渗透和蔓延的时候，也是自己的设计思想处于混沌而不知所措的当口儿。吴先生的"点拨"，让我"回味"、"咀嚼"，同时也让我对自己着实地反省了一番。

可不是吗？自 1957 年上大学以来，西方建筑界的"四大金刚"：格罗皮乌斯、密斯·凡·德·罗、勒·柯布西耶和莱特的权威形象，就早已铭刻在

1990 年 10 月在印度参加第 4 届亚洲建筑师大会参观阿格拉古代建筑时与吴良镛先生合影

1991 年在北京香山饭店参加第 6 届亚洲建筑论坛会议时与印度建筑明星 R．里沃合影

心。上研究生后，读史、看文献、学术交流、撰写论文等，满脑子都是各个时期西方近现代建筑的代表作品和那些著名建筑师的名言高论。进入社会参加工作以来，也从未放松过对西方现代建筑大师的关注和学习，特别是柯布西耶在奔放、敦厚和粗野中所展示的凝练之功，阿尔托在“方盒子”中为强化人情味儿而引入折形或曲面空间所独有的潇洒之举，还有路易斯·康在印度、孟加拉运用砖拱技术，外加阳光与阴影所创造的如歌如画建筑的聪颖智慧等，都曾对自己的“情感模式”和所运用的建筑语言产生过直接的影响。20 世纪 80 年代改革开放后，西方建筑信息像潮水般地涌来，我和大家一样，欧美有代表性的建筑大师和设计团队在脑海中换了一拨又一拨——诸如迈耶、斯特林、福斯特、罗杰斯、凡丘里、格雷夫斯、博塔、罗西、埃森曼、盖瑞、利伯斯金、屈米以及我们最熟知的尖端设计团队代表 SOM、KPF 等（直到进入新世纪后在中国走红的安德鲁、赫尔佐克和德梅隆，还有库哈斯、哈迪德……）。我们虽不一定是建筑领域“欧美中心论”的铁杆信徒，但不能不说，像这样年复一年长期的单一视界、单一熏陶，就免不了会在不知不觉中框住自己的所想所为，甚至当我们漠视自己赖以生存的土壤、气候，与“中国情结”渐行渐远的时候，还会一直浸沉在自我陶醉之中！

吴良镛先生对我讲的这番肺腑之言，与我们在印度开亚洲建筑师大会的文化氛围格外融洽，特别是在听了亚洲国家建筑师的学术报告，参观了印度

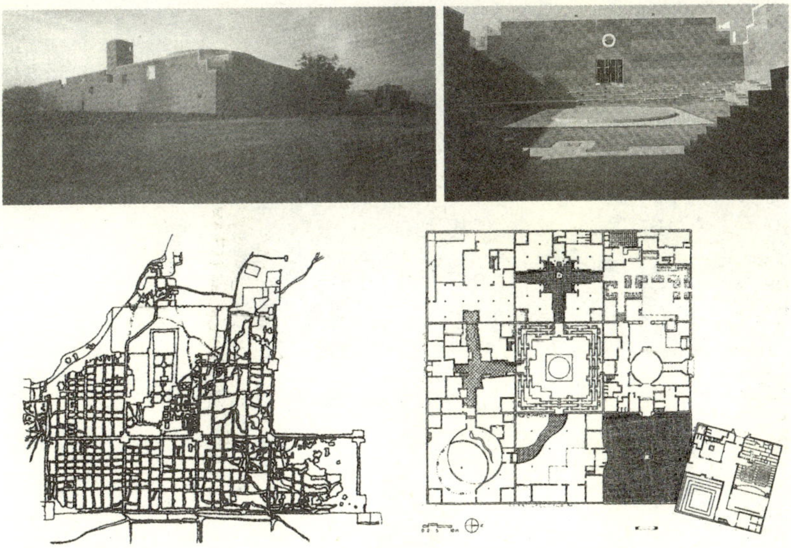

C. 柯里亚的作品——从印度教曼陀罗图案吸取平面空间设计灵感的斋浦尔博物馆（1986—1992 年）
（上左图：博物馆外景 上右图：博物馆庭院 下图：斋浦尔旧城平面与博物馆平面）

古代与现代建筑之后，更有一种“耳目一新，茅塞顿开”的喜悦涌上心头。为了在有限的那几天时间里占有尽可能多的信息资料，除了拍照之外，便是赶紧找书店。当买到 *ARCHITECTURE IN INDIA*，*CHARLES CORREA* 这两本有代表性的著作时，真是如获至宝。但我也亲身经历了德里大街上成群结队的儿童乞丐的尾追，亲眼看到了旅游胜地火车站停电和客运秩序混乱不堪、毫无安全感的情景。然而，就是这个远未脱离贫穷与落后的国家，却让我接受了一个令人惊讶的事实——它有国际上认同的建筑明星——柯里亚（C. CORREA）、多西（B. DOSHI）、里沃（R. REWAL）等。在新德里，我曾参观过里沃设计的亚运村，给我留下了朴拙、温馨、风土味儿十足的印象。第二年，在北京香山饭店召开的第 6 届亚洲建筑论坛会上又见到了他，在了解到他系统介绍的颇有特色的诸多设计成果之后，更增添了对印度现代建筑实践之路的崇敬之情。

从印度回国后，有一段时间我一直在想：同样是历史悠久而又遭受过奴役的文明古国，为什么我们就缺少像他们那样的为国际建筑界认同的明星？为什么他们不生搬硬套传统建筑符号却能让作品具有自己浓郁的文化风韵？是什么原因，他们不嫌弃低材料、低技术、低造价，而能在远离虚荣和奢侈的设计中赢得建筑品格，让这些作品与人的审美心灵对接？

B . 多西的作品——气候设计与景观设计俱佳的桑加底建筑师事务所办公建筑（1979—1981 年）

是什么道理，他们从不讳忌敬慕西方、学习西方，却又始终能执著地坚守着自己的建筑理想和审美情怀？……在这些情不自禁的翻腾的思量中，我虽然没有完全找到明晰的答案，但却渐渐地领悟到吴良镛先生对我讲的那番话语的含义和分量了。

在造访中体察泰戈尔故乡的风土人情和文化本色，是我由来已久的心愿，但万万没有想到会与我们的建筑创作实践发生关联。更没有想到的是，这次印度之行的强烈感触会在后来持续发酵。当我把自己以上所闻所见所想到的东西，连同带回来的书籍、图片资料，都一起传递给同窗好友邹德侬教授时，一下子就激发起了他学习和研究印度现代建筑的莫大兴趣。在前后长达 10 年的时间里，他先后带领、指导硕士生王宇慧、博士生戴路，对相关专题——《来自另一方向的现代建筑经验——印度与中国现代建筑发展之比较》、《印度建筑与外来建筑的对话——走向印度现代地域主义》等，进行了系统而深入的探讨。后来还在吴良镛先生的大力支持和清华大学几位老师的协助下，出版了阅读性和收藏性俱佳的学术专著——《印度现代建筑》（邹德侬、戴路著，河南科学技术出版社，2002）。

印度之行持续“发酵”的另一层意思，还得说是在聆听了吴良镛先生那番语重心长的教诲之后，自己的建筑视界开始变得开阔起来——先是把注意力从欧美发达国家的建筑实践，转向了亚、非、拉发展中国家的建

里沃的作品——现代气息融入本土文化的新德里法国大使馆官员住宅（1967 年）

筑实践；后来又从对世界建筑明星、建筑大师作品的敬佩，转向了对世界各地没有留下设计者姓名，更谈不上载入史册的那些美好建筑的眷恋。当然，这不光是指各类文献的阅读、收集，还包括尽可能多和尽可能广地在世界各处的游览、考察。上面说的这些转变使我看到，无论是西方建筑，还是东方建筑，都展现出了那种不分三六九等而“自在生成”、绚丽灿烂、多姿多彩的建筑形态。面对建筑领域“山外有山，天外有天”的大千世界，真是让人无言以对，而唯有感叹：“载入史册的建筑作品，还算不上是这地球上美好建筑的沧海一粟啊！”

正是在这样一种强烈触动的驱驶下，20 世纪 90 年代中期，在进行繁忙的设计工作的同时，我开始了对《自在生成论——走出风格与流派的困惑》的研究，其后，又进入了对建筑语言的基本原理、演进规律与审美机制的探索。时至今日，自己对这些付出所得的收获都不算满意（仍在做后续努力），至于说到建筑创作实践方面，自然就更是如此了。或许，这正是由于“建筑视界”不断拓展的“给力”，而使自己在不知不觉中懂得“建筑无止境”、“知深浅方为入门”所产生的实际效应吧……

2013.3.21 定稿于北京山水文园

（中房集团建筑设计有限公司资深总建筑师）

评一位“故弄玄虚”的法国建筑师

华揽洪

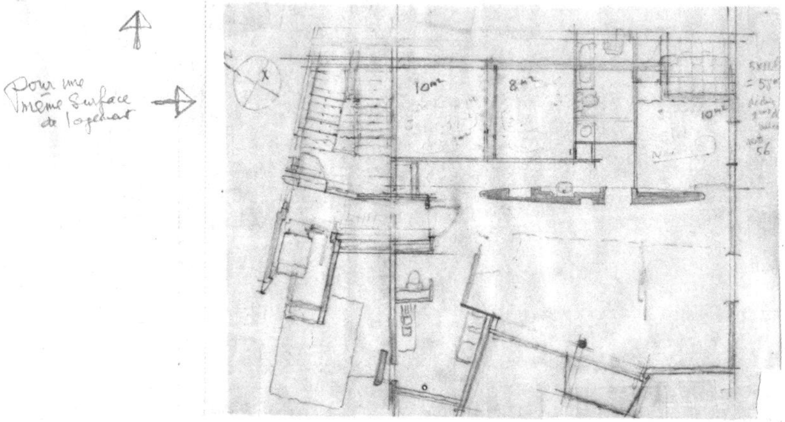

对 Pelleport 建筑的批评图（下）

建筑师的设计首先要满足建筑的使用功能，不能故弄玄虚、玩弄形式。

位于法国巴黎十九区 Pavillon 街和 Pelleport 街转角的一所住宅（131, Rue Pelleport）本来有一个很好的朝向：它朝南偏西南，而且还面对着一大块有斜坡的空地。设计人是怎么利用这个好朝向的呢？他将应当开大窗户的这面墙只开了一个小洞，形成一道事实上的死墙！而主卧室又朝向哪里呢？他将主卧室对着 Pavillon 小街巷。

室内流线设计更是令人不可理解：对主卧室来说（唯一拥有独立浴室的卧室，应是主卧）虽有卧室却没有厕所，如果有人在洗浴时想要小便，他得穿过大客厅，再穿过门厅才能到厕所；对卧室 B、C 来说，有淋浴和面盆，但要上厕所也要穿过客厅、门厅。

很好的一个客厅被设计成锐角，而且在一个单元之内竟然出现了十个锐角。

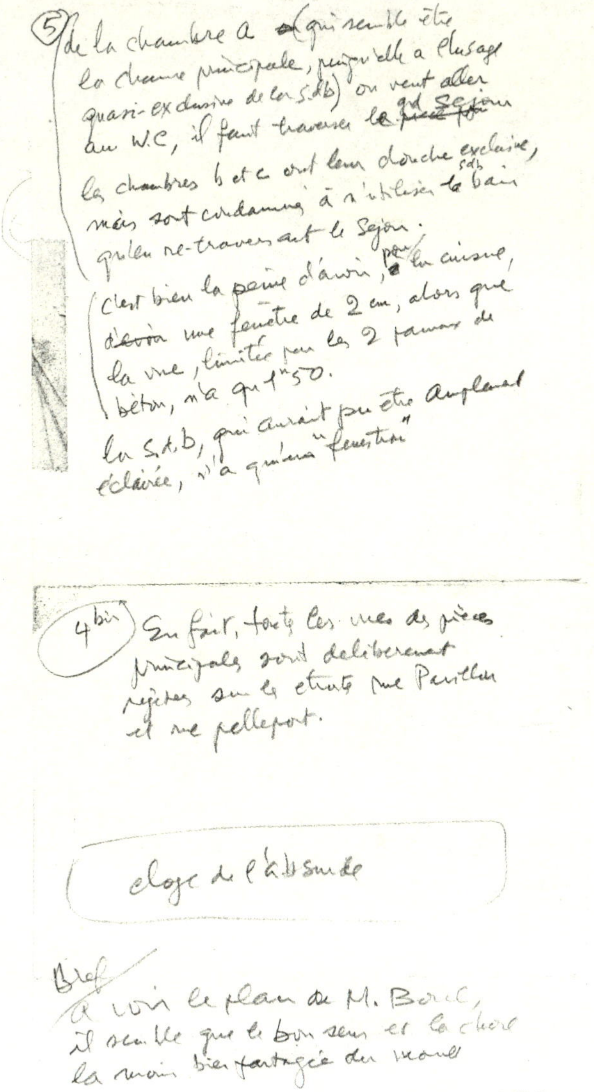
(5) de la chambre a (qui semble être la chambre principale, puisqu'elle a l'usage quasi-exclusive de la S.d.b) on veut aller au W.C, il faut traverser le gd séjour

les chambres b et c ont leur douche exclusive, mais sont condamnées à n'utiliser la sdb bain qu'en re-traversant le séjour.

C'est bien la peine d'avoir pour la cuisine, d'avoir une fenêtre de 2 m, alors que la vue, limitée par les 2 panneaux de béton, n'a que 1m50.

la S.d.b, qui aurait pu être amplement éclairée, n'a qu'une "fenêtre"

4bis En fait, toutes les vues des pièces principales sont délibérément rejetées sur les étroites rue Pavillon et rue Pelleport.

éloge de l'absurde

Bref à voir le plan de M. [illegible], il semble que le bon sens et la chose la moins bien partagée du monde

对 Pelleport 的批评草稿 2

楼梯和电梯被设计在住宅楼外，从电梯出来要经过一个露天天桥才能入户。楼梯被设计为旋转式的样子，这种式样的楼梯应当是在空间很局促且没有选择余地时才可以使用，而此住宅却毫无道理地将楼梯设计成一个旋转梯，而且把它安置在一个完全封闭的混凝土圆筒内，楼梯周边一个窗口都没有，呈全黑的环境。

厨房倒是开了一个 2 米宽的大窗户，可窗口外被两块水泥板夹住，开口

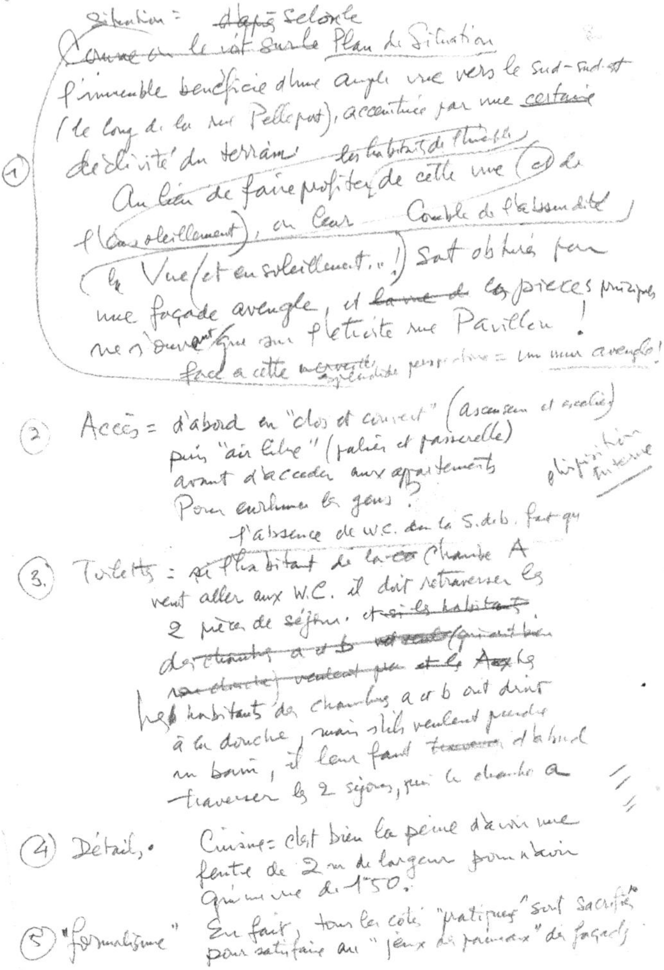

重复的批评

只剩 1.5 米，周边环境什么也看不见。

浴室本来可以有很好的采光面，他却只开了一个小角窗。最令人不可理解的是，室内所有主要房间的朝向，都对着小街巷。

总而言之，看了 M. Borel 设计的平面，我们会发现：人们在住宅里的最基本的使用功能和最正常的思维逻辑恰恰全都不在他的考虑之内。他可以被称为是故弄玄虚的建筑师。

罗建敏 翻译 / 华新民 校对

（华新民根据华揽洪先生的笔记整理而成）

外国建筑师的试验场?

吴　晨

我对目前中国建筑的风气不是很欣赏。我担心，中国正在成为外国建筑师的试验场。

这种印象最初来自国家大剧院。我并不认为那是一个好建筑，随着时间的流逝，这种感觉越来越强烈。前些日子我看了一个关于北京城的航拍照片，中轴线的感觉非常强烈，但国家大剧院已经拱出地面了，中轴线左侧那个蛋形的平面轮廓极端醒目，和北京的尺度、肌理、形态格格不入。联想到建筑师保罗·安德鲁的“保护一种文化的唯一办法就是要把它置于危险境地”的说法，很让人不舒服。而且，我知道为了实现这个建筑，在建筑功能上做了很大的妥协。

安德鲁是一个不错的建筑师，但他毕竟是以做交通建筑出名的，并不是说他不能做剧院，但用此项目让他做了试验，却不能说是一种负责任的态度。毕竟，目前并不很富裕的中国人要为这个剧院付几十个亿。

现在，一些先锋的建筑师也进入了中国。也许有的建筑师得过大奖，号称建筑界的诺贝尔奖，但是，正如诺贝尔的有些奖项也有意识形态问题一样，本质上，西方的意识形态是单边化的，它的建筑也是要输出自己的文化，是带有强迫性的。

库哈斯的 CCTV 大楼，在追求可持续发展与尊重人性的今天，这个方案对这两方面都没有着墨。它的确会给你某种震撼，实际上，它除了震撼没有带来其他任何东西，而且这个震撼非常昂贵。做 CCTV 结构设计的公司就是当初做悉尼歌剧院的公司，以做挑战性的结构出名，但是我从这家公司得到的信息是：CCTV 大楼的难度和靡费甚至超过悉尼歌剧院。但是悉尼歌剧院毕竟是美的，很少人怀疑这点，美在眼里，愉悦在心里。

但是，CCTV 大楼那个扭曲的门被巨型的钢结构捆绑着，给人不安定的感觉。库哈斯在国外也没做过这么大的建筑，这回中国人又要为另外一个几十亿付账了。而我们注意到，在这次国家体育场的评选中，库哈斯是评委之一。

总的来看，中国有一种非常不好的现象：在丧失城市特色的同时，到处都要建造城市雕塑式的建筑物，似乎有遍地开花的趋势，也许只能用社会心理的浮躁来解释这种现象。我不介意眼前一亮，但是如果到处都亮，那就成了眩光了。人们最终将对形式麻木，对城市厌恶。

值得一提的是，在欧洲，对城市规划、城市保护是控制得比较严的，对待大的建筑都比较谨慎，并无追求雕塑式建筑的风气。只有一小部分建筑可以让建筑师这样玩。但是似乎中国正在提供这样一种外国建筑师在自己国家都得不到的机会。

每次竞赛都要请“大师”，动不动都要进前几名，一个城市没有大师作品好像就是遗憾，评委如果不附和它好像就没有水平——果真如此，那就是中国的悲哀了。

将来，责任由谁负？没有人负！包袱由谁承担？中国人承担。

注：本文原载于 2003 年 4 月的《南方周末》，是吴晨博士接受时任《南方周末》记者，现任《南方人物周刊》副总编辑张捷的采访后形成的短文，文章发表后，引起了极为广泛的社会影响，成为社会及专业领域的热点话题，并引起了社会各界的大讨论、大辩论，吴晨也被专业网站评为 2003 年度最有影响力的建筑师之一。迄今，10 年过去了，重温这篇短文，仍具有现实意义，这一观点，仍是建筑评论中被引用最为广泛的观点之一。

（北京市建筑设计研究院有限公司副总建筑师）

张镈大师与清华

马国馨

全国建筑设计大师张镈先生（1911—1999年）是中国现代建筑史上必须提到的人物，尤其在新中国北京的城市建设事业上，他是与北京人民大会堂、民族文化宫、友谊宾馆、北京饭店东楼等众多重大的传世工程联系在一起的，人们也多从这些工程记住了张镈的名字。

2011年是张镈先生一百年诞辰，同时也是清华大学建校百年，在查阅了一些历史资料之后，发觉二者之间也还存在着一些有趣的故事，为此整理了以下的小文。

张镈先生是清末两广总督张鸣岐的三子，中学读完之后，18岁入天津南开大学预科，19岁入东北大学建筑系学习，后因东北沦陷，于1932年转入南京中央大学建筑系。1934年毕业后加入基泰工程司，这是当时国内由本土建筑师和工程师合作经营的规模最大的事务所之一，其分支机构遍布津、沪、京、宁、渝、港、穗等地，建起了一批在国内有影响的建筑物。1951年3月他离开香港北上，到北京市建筑设计院的前身永茂建筑公司工作，此后任北京市规划局设计院和北京市建筑设计研究院总建筑师一职，直至1995年退休。

细读张镈大师生前所撰写的两本回忆录，可以发现先生在求学期间就曾与清华有过短暂的缘分。1931年下半年东北大学的同学陆续进关，东北大学也准备迁校入关，筹办流亡分校。这时清华大学也正在欢迎并容纳来自关外的流亡学生借读。张镈“经过申请允许到（清华）土木系一年级开始学习，到校仅三个月，就被纳入清华足球校队，还做过三次对外交锋”。关于曾是足球运动员的经历，后来他曾多次提起过。从中学起到在东北大学、清华大学都曾被选入校队。但张镈当时在东

北京市建筑设计研究院有“十八棵青松”美誉的专家合影

北大学已是二年级，到清华后却又要从一年级学起，加之他一心要学建筑，土木专业让他感觉很不对口，很有抵触情绪，“寒假期间回津，得知有法国神父主办的天津工商学院，内设有建筑系课程，因无师资而作罢”。于是自修绘画，伺机转学。后来得知南京中央大学还设有建筑系且创系早于东北大学，于是在 1939 年初寒假后转入中大学习。算起来在清华土木系有一个学期的学习经历。

张镈大学毕业后一直在基泰工程司工作。抗战胜利以后，清华、北大两校复原，要大规模修缮拆改日寇占领时对两校现状的破坏，“清华图书馆被改为陆军医院，损坏严重，科学馆管线失灵，热电站荒芜报废，外管线已难于再用，大量教授住宅损坏，新教授住宅区待建”。于是由清华的总务处长出面找了基泰承担复修和新建的任务。“这些任务不全是设计绘图工作，有不少要在现场根据破坏情况，做出修整方案，尤其是科学楼和电厂的管线工作，有明装，有暗藏于地下、墙内的很多，必须更新连通。不是光画图就能解决的问题。因此采取代办设计工程的任务。当时收费是设计 3%、监工 2%，加上代办采购供料等共收 8%。由于币价贬值，改为用救济署的面粉，完全用实物折价来进行工作。”而新建的教授住宅区，则是于 1946—1947 年建设的胜因院。胜因院位于当时清华校区的东南部。由于当时学校亟待恢复，所以建了 40 套单栋单层和单栋二层的住宅。当时用地比较宽裕，所以采取了风格简约但相对分散的布局，每户都有较宽敞的前后庭院，为各户提供了宽裕的绿化空间，因此环境宜人。为纪念西南联大时期清华曾租用昆明胜因寺作为校舍，故将新建住宅命名为“胜因院”。张镈回忆“设计了两种单元，自己先做标底，公开招标后交公兴顺营造厂宋华卿施工。他虽然是地头蛇，只要他能循规蹈矩投标，同样不排斥在外。清华总务处长对设计费很苛刻，只按两个单元的面积，造价的3%给设计费。按全部几十栋的总和及市政、管线设计等给监工费2%”，1952年以前在二层住宅居住过的教授有刘仙洲、周一良、张维、费孝通等人，在单层住宅居住过的有金岳霖、段学复、汤佩松、章名涛、夏震寰、施嘉炀等人。但随着清华校园的不断扩大和新建，胜因院大部分被拆除盖了专家公寓和多层住宅，原40栋住宅可能只留下了12栋。

新中国成立后，张镈又回到北京。到“文革”以前一直出任清华大学建筑系的兼职教授，又继续了他和清华的情缘。

参考文献

[1] 张镈．我的建筑创作道路[M]. 北京：中国建筑工业出版社，1994.

[2] 杨永生．张镈：我的建筑创作道路[M]. 天津：天津大学出版社，2010.

[3] 姚雅欣，黄兵．识庐——清华园最后的近代住宅与名人故居[M]. 北京：中国建筑工业出版社，2009.

（中国工程院院士、北京市建筑设计研究院总建筑师）

我的三位导师

何玉如

1956 年，我 17 岁那年，考入清华大学建筑系（现建筑学院前身），直到 1967 年离开清华，在建筑系整整度过了 11 个春秋。期间，教过我的老师许许多多，有老前辈，有前辈，也有仅大我三四岁的师兄、师姐们。他（她）们都是学问精深，才华横溢，为人师表，令人尊敬，深受爱戴的老师。但是，相处时间较长，并能近距离地聆听教诲的导师，要数梁思成、汪坦和吴良镛三位先生。

汪坦先生引我入门

1962 年我从建筑系本科毕业。6 年的学习生涯中虽然学到了不少基础知识，但同时也受到不少干扰。1957 年的“反右”，1958 年的“除四害”，“大炼钢铁”，1959 年的“反右倾”，1960 年的“清理思想”等一系列的政治运动，耽误了不少时间，也占据了不少思想空间。虽然毕业时，我是全班唯一的优秀毕业生奖章获得者，但总觉得学得太少，在建筑的领域中还没有迈进门槛。因此，系领导动员我报考本系研究生时，我就欣然同意了。那个年代，研究生数量极少，全班 80 多名同学只收了两名研究生。

一名是周逢同学（后任北京建工局副局长），研究方向侧重于规划，由吴良镛先生任导师。另一名研究方向是公共建筑，导师为汪坦先生。这样，我就跟随汪坦先生学习、研究将近 5 年。

汪坦先生是系里的名教授，副系主任，曾师从世界级建筑大师赖特先生。我是汪先生的第一个研究生，因此他也曾想用赖特先生的教授方法来引领我。除了一般的基础课以外，还要面对面地教授建筑的基本知识以及一些外国的学问。正像他自己在赖特先生家与其共同生活过 3 个月那样，要求我每两三周去他家里一次，将近期阅读的英文资料的内容，用英语与他对话，此外还要我两年内默画 200~300 项世界名建筑，及时交他批改。对我来说，这些无疑是非常吃力的。汪先生对我的严格，基于他自身治学态度的严谨。众所周知，他是西方建筑理论和设计的权威。而同时，对于中国古建筑的研究，他也同样有极深的造诣。记得他曾给我阅读他年轻时写的辽代大木结构的论文，让我惊讶不已，论文中将檐下的斗、拱、昂等构件一一“拆卸”下来加以分析。这种踏实的学风，对我在以后的工作中，遇到烦琐的古建筑设计及其他难题时，是一种无形的激励。

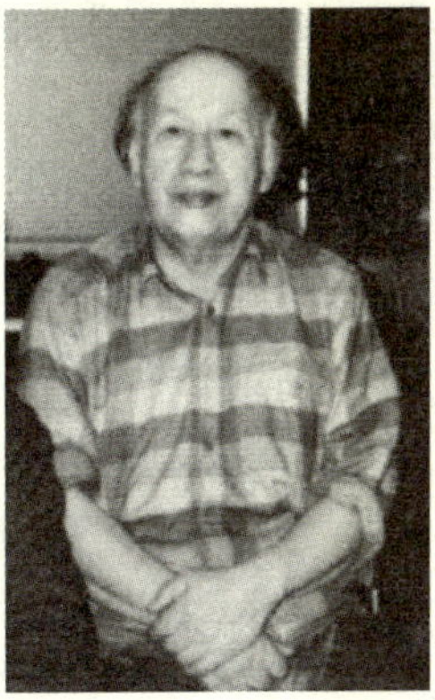
汪坦

我的研究方向是图书馆建筑，正值国家图书馆上马，我就参与了设计。期间汪先生不仅教给我图书馆设计中三条流线（读者、工作人员和书籍）的基本原则，而且还督促我到图书馆去工作一段时间，深入了解图书的流通过程，并且从书架的最基本构件设计起。虽然后来对论文选题的宽窄建筑系里的老师有不同的看法。但是，我领会汪先生教我从最基本的细胞做起的这种治学精神是非常正确的。我以为研究生阶段最主要的是学会如何去研究问题和解决问题的方法。

汪先生的文化修养极高，对建筑以外的相关艺术颇有研究，他曾经给我讲述过金石的书法、章法、刀法，写信时贴邮票的构图等。尤为突出的是汪先生对音乐的爱好。他家中藏有数千张音乐唱片，被建筑系里传为佳话。我有时在他家中一边欣赏优美的乐曲，一边接受他和师母马思裾先生（小提琴大师马思聪先生的妹妹）的音乐启蒙教育。

我离开清华后，又在京外工作多年，所以极少再见到汪先生。直至 1965 年，因为女儿要赴美国学习，去告别清华。不期，在新图书馆前遇到汪先生，那时先生已年近八旬，但仍精神矍铄，谈锋甚健。汪先生八十大寿时，我因有事不能脱身，未去贺寿。听说他还惦记着我，说我太忙，为我的缺席开脱。不久，听说汪先生身体不适，我和夫人一同去校医院看望他，同时补祝大寿。汪先生 85 岁时为我班毕业 40 周年纪念册题词，他写道：

“祖国的面貌一天比一天光彩夺目——余生一定要全心全意为人民服务。”多么质朴的老人，回想“文化大革命”对他的不公待遇，真让人寒心。
题词后不久，汪先生突然离世，以至于来不及在他生前见他最后一面，他的题词竟成了对我们的珍贵遗言。

梁思成先生带我出国

梁思成先生的一生，他的学问，他的成就等已经有大量的纪念文章。这里我只想记下一段他带我出国参加国际会议的往事。
1963 年国际建协在古巴召开第七届代表大会，并举办第一次世界建筑系师生会见大会，梁先生任中国代表团团长。为了扩大古巴革命在发展中国家的影响，南美国家将派大批学生赴会，我国也准备派遣少量学生代表，以示响应。当时学生代表有清华、南工和同济三校各一名，我有幸作为梁先生的学生参加了这个代表团。
这样，前前后后有一个多月的时间我和梁先生“朝夕相处”。
当时，梁先生已是花甲之年，又是建筑界的泰斗，我是代表团中年纪最小的（不满 25 岁），初出茅庐、不谙世事的学生。在巨匠面前，我不免有些惶惶然。梁先生为了排遣我的不安，出国前每天让我搭乘他的车一起去建设部参加学习。
他叮咛我每天 8 点以前到他家，并开玩笑地说“我们是罗密欧和朱丽叶，每天不见不散”。老人的幽默一下子使我拘谨的心情放松了不少。记得有一次，在古巴游览风景区过夜，由于接待的房间不多，我和梁先生被分配在一个标准间里，而且仅有一张大床，我非常尴尬，梁先生又不让我睡在地板上，还风趣地说：

1965 年北京土木建筑学会第三届年会上梁思成先生在发言

“我们同床异梦吧！”

出国前梁先生的夫人林洙女士一再嘱托我在生活上多多照顾梁先生。其实与其说是我照顾梁先生，还不如说是梁先生时常关照我。梁先生知道我第一次出国，所以在礼仪、举止方面详尽地传授、示范。在飞机上让我坐在他的旁边，甚至教我过马路时应先过一半，再过一半，并且眼睛一定要“左顾右盼”。

梁先生对后辈的厚爱，不仅表现在生活上，在事业上更是如此。梁先生将我介绍给团里的其他前辈，都是国内知名的大家：南京的杨廷宝先生，上海的陈植先生、吴景祥先生，广州的林克明先生、陈伯齐先生，武汉的殷海云先生以及北京的戴念慈先生、杨芸先生和何广乾先生等。这些老先生对我们后辈也都是爱护有加。

梁先生还给我讲了陈植先生的许多故事，以后我和陈植先生成了忘年之交，我们同肖老虎，他大我 3 轮，自称老老虎，昵称我为小老虎，至今我还珍藏着陈老先生送我的，他亲自绘制的有虎头图案的新年贺卡。

梁先生告诫我向这些老先生学习。作为建筑师要处处留心观察，杨廷宝先生就是这种有心人的典范，他身上总是带着钢卷尺，遇到合适的家具和建筑细部，总要拿尺子去量一量，记住它的尺寸。记得在去古巴的途中，由于飞机出现小故障，临时在英国停留过夜，住在机场的小旅馆，其房间极小，仅能放下一张单人床，床后留出一小条挂衣服的空间，床头有一张小桌，门口一个洗面盆，空间极为紧凑。梁先生欣赏不已，让我将平面图绘制下来。

梁先生学术渊博，但平易近人，处处表现出睿智和幽默。记得我在二年级做课程设计，去访问幼儿园时，梁先生带领我们去接近小朋友。梁先生的下巴上有一颗痣，他让小朋友们轮流在他的痣上摁一下，每摁一次，梁先生就发出一次叫声，逗得小朋友们哈哈大笑，这样我们一下子与幼儿园的小朋友和阿姨拉近了距离。这次出国时梁先生身为团长常给我们讲笑话，把团里的气氛搞得非常活跃，一次女同胞们照相，邀请梁先生加入，梁先生马上自嘲地说“我是玫瑰花中一根刺”。今天梁先生离开了我们已经近 40 年了，他的风趣、幽默的形象一直铭刻在我的心头。

吴良镛先生领我设计

早在学生时期，就听说吴良镛先生是梁思成先生的高足，在学术上有极

2003年8月5日与吴良镛先生合影

深的造诣，今天更是一位在世界上享有盛名，中国建筑界的泰斗人物。所以，我以前只能是远远地望着吴先生，不曾想退休以后，反倒有较多的机会，在吴先生身边聆听教诲。

2002年我从北京市建筑设计研究院首席总建筑师的岗位上退下来。一度心里矛盾重重，一方面想，当了10年的总建筑师，重于技术管理，自己亲自主持设计的工程并不多，总想以后再做点设计；另一方面又想自己曾经得过大病，也许在设计上该画句号了。就在这时候，吴先生找我“合作”设计南通博物苑新馆。吴先生曾对我说，他当了多年的建筑系主任，行政事务繁多，一直到退下来以后，才真正搞点学问，也指出了我当了总建筑师自己亲自动手设计的作品相对较少。吴先生对自己的评价当然是谦虚之词，但对我的评述是中肯的。这样，我很快就投入了南通博物苑新馆的设计，之后又有南通城建馆的设计。接着，南京“红楼梦博物馆”也中途要我加入。

4年多来。我一直在配合吴先生搞设计，感受颇多。

首先是吴先生的创作热情，时时感动着我。接受南通博物苑新馆的任务以后，2002年7月我们冒着酷暑一起去现场踏勘。第一次到南通那天已是晚上10点，吴先生一放下行李就同我到现场，借着手电筒的光，查看了周围环境。第二天清晨7点，吴先生就打电话叫醒我，讨论他对总体位置的设想。接下来两天收集大量有关南通博物苑的资料以及创始人张謇的详细情况。每有情况总是亲自笔记，从不请人代替，还要实地参观。每次从野外回来吴先生总是汗流浃背，衣衫湿透。之后，在施工过程中，我一再劝他工地的事由我负责，有问题时我会及时汇报。但事实上，去现场十有八九吴先生也是同去的。在工地上爬上爬下，对于八旬高龄的老人实在让人担心，吴先生却说“这比当年山东孔子研究院的现场少去多了”，“如果我不能到现场，也就不再做设计了”。这种精神，怎能不让那些疏于去现场的后辈们惭愧？建筑创作出现了偏离基本原则的社会倾向，作为建筑界的泰斗，吴先生有时也会感到无奈。

他认为，最可行的是用自己正确的方法来为社会树立一个正确的榜样。也许这正是吴先生年过八旬还热情创作的主要目的。吴先生接受任务是非常慎重的。南通早期（20 世纪初）的城市规划，早在 1988 年吴先生编写大百科全书的规划条目时就提到过，对张謇的规划思想，实践，办实业，办教育，创建博物苑等都是熟知的，因此接受博物苑新馆设计是有一定思想基础的。之后，南京的“红楼梦博物馆”的设计任务，南京市领导请吴先生出山，经过半年多的考虑，直到已经有所构思后，吴先生才接受下来。

吴先生构思方案总是从大处着眼，从城市规划的大环境，再到这个区域的小环境，最后才是个体。南通博物苑新馆处在博物苑的大公园中，此处有张謇当年的住处“濠南别业”，南有南通市的一座古老的道观，东有张謇当年（100 年前）建立的博物馆，有北馆、中馆、南馆等。因此新馆就要考虑与城市中的“道观”的关系以及与原有博物馆建筑组成一个有机的建筑群组。现在新馆建成后印证了吴先生所指导的原则是多么正确，2005 年全国博物馆界在南通举办建苑一百周年的庆典，得到了来自各地 100 多位博物馆长和专家的一致赞赏。

吴先生的创作态度极为认真、严肃，南京红楼梦博物馆 2003 年接受任务，2004 年初做出两种模式的方案，得到了红学界和建筑界的充分肯定。之后，吴先生又经过 3 轮的修改，直到 2006 年初才上报方案。之后，在 7 月交付初步设计前，又修改了一轮。用南京市领导和建设方的话来说，一轮比一轮精彩。这种精益求精的创作态度，实在令人钦佩。

吴先生知识渊博，哲学、文学、历史等方面功底深厚。每有构思总能引经据典。这些都是众所周知的，这里不再一一列举了。

吴先生谦虚待人，明明是引领我参加设计，总说是“合作”。然而，在我的心里无论何时、何地、何种情况，吴良镛先生永远是我尊敬的导师。

（本文原载《建筑创作》2006 年 10 期，2011 年 11 月做少量修改）

（北京市建筑设计研究院有限公司顾问总建筑师）

2012，永驻心头的三位建筑“先贤”

金　磊

2012年，同往年一样有许多人物被历史记住，也有太多事件会留在人们记忆中。我笔下2012年定格的建筑文化人物堪称中国该领域的先贤。如果说一个人折射一个时代，那么他们所经历的私史为经、国史为纬、亲历为鉴的心路历程，就是中国建筑文化的“史记”。我心目中的这三位建筑文化大家是中国营造学社最后一位见证人罗哲文（1924—2012年）、中国当代建筑出版家杨永生（1931—2012年）、中国建筑设计与城市规划大家华揽洪（1912—2012年），虽然近十年笔者致力并组织了建筑遗产传承、建筑大家口述史的整理与记录，但仍未来得及的伤痛令人心碎，因为青山虽在，可他们的余情已不再缭绕。记得作家龙应台在第三届中国建筑思想论坛上说：“传统宛如绑着氢气球的那个粗绳，紧连着土地。你的眼睛可为一首古诗流泪，你的心灵可以和两千年前的作品对话。传统不是怀旧的情绪，传统是生存的必要。”两院院士吴良镛教授也说“不负凌云万丈才”，道出了唯新唯真的建筑界这些公共知识分子的学品与人品。这里我以亲历与三位长者的“忘年之交”，讲述我眼中的他们的不凡贡献与伟大的人格。

罗哲文是我敬重的文化遗产大家，5月20日，八宝山革命公墓上千人为他送别的庄严仪式令人难忘，那“修长城修故宫参襄国徽设计无愧文物卫士，护名城护运河舍身文化遗产堪称古建护神”的挽联，高度概括了罗老的功绩。罗哲文自16岁跟随梁思成从事古建筑保护工作，直到88岁辞世，是有着72年遗产保护经验的前辈、师长与旗帜，原国家文物局局长单霁翔对罗老的贡献做了四点归纳：“一是他始终不渝追求事业，在追逐名利的浮华社会，像罗老这般有良心的文物保护专家，让我辈真切感受到高山仰止；二是他坚定执著捍卫文物，在以他为主的'三驾马车'奔走呼号下，保护了数不清的文物古迹、历史街区和文化名城；三是满腔热情勉励后学，罗老学养深厚，但待人平易，俨然如文博苑中的花匠，尽心呵护着满园春色，他不遗余力地提携后学，赢得全国文博领域的普遍尊重；四是努力探索中国特色，作为国家文物局古建筑专家组组长，罗老一直在研究并探索中国砖木结构文物建筑保护与西方砖石结构文物建筑保护的理论与方法的异同。”中国现代文学馆原馆长舒乙在悼念文章中说，罗老是位大家，在很多领域都有涉猎和著述，在古建、文物、城建、规划、园林、诗词、书法、摄影等方面都有见解，他从在四川李庄师从梁、林进入古建筑文物界，便一发不可收拾，已成为中国古建文物界的领军人物，成为有口皆碑的权威学者和旗帜。2006年3月我们策划的“重走梁思成古建之路四川行”活动，他是第一位拥戴的专家，作为70年前中国营造学社在四川李庄最年轻的一员，他动情地在李庄梁思成故居及工作室前向来自全国的建筑师及文博专家讲述当年的故事，他给我留下的最深记忆是，鼓励我们为中国建筑界与文博界相互交叉搭建了桥梁；2007年我们按1930年朱启钤的《中国营造学社汇刊》样式创办“田野新考察报告”系列丛书时，除王世襄老人欣然题写书名、时任国家文物局局长的单霁翔作序外，罗哲文老的题赠是“续先贤之足迹，立新意于当世”，他特别希望我们将这“新版”的《中国营造学社汇刊》持续出版下去；2011年我受命于单霁翔的旨意，与国内志同道合者共同创办《中国建筑文化遗产》杂志，旨在填补中国建筑文化遗产长期无学术园地之“空白”，当编委会提请罗老任名誉总编时，他立即同意，不顾身体不佳的近况，连续多次接受该刊专访，在《中国建筑文化遗产》第二辑留下了“恩情长忆，岁月难泯——古建筑专家罗哲文回忆梁思成先生对他的教诲”的文字。在2012年6月6日颐和园清外务部召开的罗老追思会上，我发自内心地表示自己深深的内

2010年9月在扬州瘦西湖公园举行梁思成铜像落成仪式的合影（左起：作者、张锦秋、罗哲文、顾大凤，刘锦标摄）

疚：一是未曾来得及系统地向罗总编汇报《中国建筑文化遗产》的办刊情况；二是未曾来得及请罗总编为《中国建筑文化遗产》题词；三是我亲自参与的为梁思成在京都、奈良塑纪念铜像一事，担心可能会因罗老的辞世而停滞……

2012 年 5 月 22 日，在罗哲文老辞世 8 天后，三位国内德高望重的建筑前辈齐聚一堂，我荣幸成为受邀者，他们是杨永生编审、香港建筑师学会前会长钟华楠、建设部设计局原局长张钦楠，巧合的是三位老人已八十有一，均属“羊”，钟、张二位是专程看望病重的杨永生总。那天，杨总对我的一席话，让我终生难忘且心情一直沉重，他说：“金磊，你们要意识到，罗老的辞世对国家更大的损失是他带走了无数的人和事，口述历史是建筑的无价宝……”我记得 2005 年 1 月，杨永生与罗哲文合著的《永诀的建筑》在天津百花文艺出版社出版，如今这两位倍加珍重中国建筑作品的老人一并仙逝了，这不禁让人发问：中国建筑文化何时能再出现如此大家！ 2012 年 7 月 18 日，我带新疆院院长刘谞去看望杨总，那天下午也即杨永生总辞世的倒数篇 12 天，他强忍病弱的身躯，从床上起身，在我们的搀扶下走入书房，与我们进行了人生最后一次“长谈”，话语间虽不涉及他的病情，但告诉我们他身后如何继续前行，许多有如“遗嘱”之言令我不忍再写下去，好在我们的编辑们做了录音记录。那一天，杨总给去的每人赠了一本他在病中完成的“口述史”《缅述》一书。我现在悟到这是他生前给建筑界留下的最珍贵的“礼物”，也相当于给中国建筑传媒界留下了新的课题；杨永生的贡献是多方面的，我曾在《建筑评论》第一辑中以“建筑思想家——杨永生”为题写了文字，之所以说他是思想家是因为他的文化贡献让人想到满天的繁星，他在生命最后给中国建筑界留下的“瑰宝”一是《缅述》（杨永生口述），二是《建筑圈里的人和事》（杨永生著）。《建筑圈里的人和事》是在 2012 年 7 月 28 日杨总已进入弥留之际出版

左起：作者、杨永生、于志公（李沉摄于 2002 年 9 月）

社才送到他病床前的，我当时在美国没能接受到这一切，大约是在 9 月中旬，我在三联书店买到此书，当即在书店中打开扉页写下了这样一行字："一本本该由杨总送我，但永远无法再实现的愿望！"禁不住热泪纵横，全然无法顾及周边的读书人的视线……我以为，杨永生开拓性、先驱者的贡献至少有三方面：中国建筑工业出版社系国内十大出版名社、《中国建设报》为建设行业部级大报、《建筑师》杂志成为建筑界重要的学术阵地，"一社、一报、一刊"的定位及旗帜作用，离不开杨永生的才识、胆略及明智之举。杨总是一位当代建筑文化百科全书式的人物，他对建筑、对事件敏锐的嗅觉及果敢的行为，使他能极目天下、超越前人；杨总的建筑思想与精神使他成为真正具有虚怀若谷态度的大家。中国科学院院士彭一刚在谈及杨永生的贡献时说，他与建筑界老、中、青三代都有着广泛的联系，特别在他退休后更是埋头著书立说，先后出版编著达 35 部之多，在建筑界有谁能与他相比！东南大学钟训正院士也评价道，杨永生对中国建筑界的贡献堪称最大，没有哪一位建筑界人士可以和他相比。杨总系著名建筑出版人、建筑文化学者、中国建筑工业出版社原副总编辑、《建筑师》杂志创始人及前主编，他之所以为同辈及后学敬仰是因为他不仅尽了出版工作者应尽的责任，更卓尔不群地以一个建筑出版策划师的态势在建筑史论研究，为建筑学家梁思成、刘敦桢、杨廷宝、童寯等出版文集和传记，组织开展建筑评论等方面有独树一帜的贡献。在这些过程乃至壮举中，杨总集编、学、研于一身，高瞻远瞩地推动中国建筑理论与文化的并行发展。

在我的记忆中，杨永生总常常鼓励我们要续写与共和国"同龄"的北京市建筑设计研究院的"设计师史"，在 2009 年第四期《建筑创作》上，我和李沉完成了"北京院五十年代八大总"的文章，其中有相当的篇幅在说华揽洪总建筑师，为此我还专门多次拜访华揽洪之女华新民。当时本人系《建筑创作》主编，先后在《建筑创作》刊出介绍华揽洪父亲华南圭的多篇文章，终因组稿原因一直未能系列刊出华揽洪的文字。但对华揽洪总建筑师的认知我有三个特别感受：① 1999 年 7 月，在北京召开世界建筑师大会时，华总回院参观，我担任他的向导，最后还请华总到摄影棚留下了珍贵照片，听他讲述对中国召开建筑师国际会议的看法，我知道 1954 年是由于华总的推荐，才使中国建筑界步入国际建协行列；②华揽洪 1977 年离京到巴黎，在法出版了《重建中国——城市规划三十年（1949—1979）》的城市记忆

华揽洪于巴黎寓所翻看建筑画册（金磊摄于 2007 年 8 月）

文化评论一书，于 2004 年在三联书店翻译出版，笔者曾于 2006 年发表读书书评文章“一部敢为中国城市规划立言的力作——读华揽洪《重建中国——城市规划三十年（1949—1979）》”有感，文章有多处谈到《重建中国》的当代启示，其要义是如何决策，城市规划才少失误、不失误；③ 2007 年我随中国建筑师代表团赴法国做建筑师交流，我专程到华揽洪家看望华总，送上刚出版的中国建筑图书，介绍了中国建筑的最新发展，并为他拍摄了一组照片。虽然当时表示要为华总出版作品及思想集，可一晃 5 年过去，一晃百岁老人已离我们而去，心中很难过。华揽洪先生是北京市建筑设计研究院 20 世纪 50 年代的“八大总”之一。作为建筑世家，其父华南圭（1875—1961 年）是 20 世纪早期留法的中国著名建筑师。华南圭在当地考取秀才后，又入北京京师大学堂，1903 年官费留学法国巴黎公益工程大学土木工程系。毕业后曾在法国大北铁路实习两年，1910 年回国后，考取举人，并自 1913 年起任京汉铁路总工程师。此后 1930 年分别任交通部总工程师、京奉铁路督办、北京市工务局局长等职。1930 年协助朱启钤创立中国营造学社，还担任天津工商学院院长，1949 年后出任北京市都市计划委员会总工程师及顾问。华揽洪（1912—2012 年），从北京汇文中学毕业后，于 1928 年赴法国，1936 年从法国土木工程学院毕业后又考入法国国立美术大学建筑系，半工半读。1942 年在美术大学里昂市分校获国家建筑师文凭，“二战”结束后在马赛市开设建筑师事务所。1951 年回国后，在梁思成先生的推荐下，担任北京市都市计划委员会第二总建筑师（第一总建筑师为梁思成），还任北京市建筑设计研究院总建筑师。他的规划设计与研究生涯有 40 多年（1937—1977 年），在 20 世纪 50 年代设计的北京儿童医院项目获中国 20 世纪建筑经典项目评价。他亲自参与了中国的城市规划与建设，做出了北京市城市总体规划甲方案，梁思成和陈占祥做出了乙方案，但事实上这两个方案均未被采纳。华总是一位应与梁思成齐名的大建筑师，他曾遭遇到一系列不平等待遇，但他始终热爱祖国和建筑事业，晚年虽清贫，但他以丰富的情怀及建筑学养成为中国建筑界的骄傲，1992 年 90 岁高寿时，荣获法国文化部长授予的艺术与文学荣誉勋位最高级勋章。

2012 年 12 月 20 日，《人民日报》副刊的“足音”特辑刊出写谢辰生老的“青山今未老，有言人不轻”的短文，文章有一句话让人不忍读下去“……与谢老曾经一同奋斗的文物局老同志正在一个个离去。去年是徐苹芳，今年是罗哲文。每一次看到谢老出席他们的追悼会时低着头、沉默着，缓缓走过的身影，就觉得他分外孤单……”是啊，罗老、杨总、华总他们的一生青灯黄卷、秉烛探幽，不息追问中国建筑传统的玄妙深意；他们孜孜以求、戮力前行，推动着中国建筑文化的繁荣昌盛；他们椎心泣血，不折、不弯、不屈服、不沉沦，体现了难得的中国建筑的“国风”。先贤，指已故的有才德之人，当下指因安邦治国有方或学识才华出众，为后人所怀念、凭吊、效仿的对象。先贤纪念并非中国独有，法国巴黎的先贤祠是永久纪念法国历史名人的圣殿。在今日中国，对先贤的纪念不仅是发思古之幽情，更是文化大发展、文化城市建设之需要，对此我还有两点建议：其一，要展开对中国当代建筑“先贤们”口述历史的研究、挖掘和梳理；其二，政府和学界在肯定先贤纪念是历史研究重要部分的同时，要为中国建筑文博界梳理纪念先贤们的序列，其意旨在传承并发扬视为遗产的珍贵的建筑思想。

在本文写就，等待发表之际，2013 年 1 月 7 日我又参加了为中国城市、建筑、文博界做出卓越贡献的王景慧先生的告别仪式，与罗老一样也是在八宝山东厅告别室，至少 600 位业内专家冒严寒为他送行。他不仅是“申遗功臣”，还荣获了法国文化部的“艺术与文学骑士勋章”；他的贡献不仅表现在遗产保护规划设计上，更有跨界的一系列建筑遗产保护政策；他是堪称国内能将历史文化名城保护规划的理论、方法、实践、管理集合成一体的典范。王景慧的辞世，不仅有令人扼腕之痛，更为我们留下“大师离去后，精神怎传承”的命题。这要求学界满腔热情提携后辈，更要抓紧口述历史的“文化工程”，不仅树立起一座座仰之弥高的丰碑，更要留住他们丰富的建筑精神遗产。

2013 年 1 月 25 日

（中国文物学会传统建筑园林委员会副会长）

一次参观与两本图书的蒙太奇

——关于博物馆建筑设计的点评

朱晓东

因为承接法国 FM logistic 物流工程设计的事宜再次来到巴黎，特意去参观了位于埃菲尔铁塔附近的布杭利河岸博物馆（Musee du Quai Branly）。上午来到博物馆时尚未开门，只参观了外部，去参加了半场周日弥撒及参观了军事博物馆之后，下午返回买票入内，一直到关门时分，流连忘返。夏秋之交，阅读了两本书，其一是丹尼尔·李布斯金(Daniel Libeskind)的《破土：生活与建筑的冒险》（*Breaking Ground:Adventure in Life and Architecture*），书中的许多故事反映了作者进行博物馆设计的经历和感悟，其二是汪克的《博物馆：城市发动机》。参观与阅读中散点式的点评装配在一起，形成的是关于博物馆建筑设计的一些有价值的组合。

布杭利河岸博物馆可以算做希拉克总统唯一的工程，设计师让·努维尔（Jean Nouvel）（据说已中标了中国美术馆新馆项目）认为，人们期望最终它会被称为“希拉克博物馆”。在参观时我注意到门厅内墙上的一段铭文，大意是希拉克总统为了让法国人民了解非洲、美洲、亚洲及大洋洲等地异域原始文明而倡导建设这样一个博物馆。

场所

从埃菲尔铁塔广场右转，沿塞纳河步行大约百米，即见到野花蔓藤攀援于整片建筑立面上，正疑惑是否已到博物馆时，再往前的大片玻璃钢架围合出的同样野性的庭园给出了答案，其后隐约可见浓重色彩的舒展体量已宣示了这一特殊建筑的特征。设计者期望庭院不局限于本身，靠塞纳河一侧的北面有些树木的延伸。玻璃围隔如同屏幕，反射着树影迷离，且可观内部，这一边界在同一时间让人拥有精确感和不确定感。

独特

布杭利河岸博物馆的建造是围绕特殊的收藏品而展开的，这里每处设计都是为了唤起对于原始物体感情的回应。保护它，但同时捕捉住光感以振动唤醒其精神，在象征着森林与河流的所在，展示萦绕着人们的“世系”精神，创造神和信仰的所在。它的空间有独一的、奇特的和诗意的未确定感。

展品

通常设计师开始设计博物馆时并不确知里面会有什么，而在这里是 4000 余件展品已特定，设计者知道近乎所有的事，甚至努维尔被邀请承担家具、餐厅等全部的设计，这是十分罕见的情况。设计者力图在容器和容量之间建立起联系，它所提供的特殊的空间形成艺术品和工艺品之间多片断的联结，并且构成参观者和展品间的神秘领域。内部空间是对现代艺术博物馆往往像邮票一样在白墙上陈列作品的“反动”。当今在博物馆设计中通常谈论弹性布展，而这里，所有的展列都是固定的，设计者系统地对应于不同的展品。这里四方形的白墙是不适宜的，因为这是一处关乎精神的空间，所有这些物品都关联于我们不确知的宗教或特殊的信仰，设计者认为重要的是保持模糊和神秘，并创造一种对话将所有这些主题聚拢起来。

空间

设计者创造了一个超过 200 米没有分隔的主展厅，将所有的空间弹性地置于长长的南北立面之中。实现的建筑拥有一种惊人的性格，它运用了先进的技术，南向窗户很大但可以减少 90% 的自然光。在北侧有巨大的网印玻璃丛林图案，在精神上也是重要的，有些像教堂，氛围强烈。两边截然不同的表皮也让人体验外观的不同。通过南向高品质的过滤光线，人在空间中可以感受到天气，而北侧模糊的树影间可隐约看到外面的巴黎。完全相反的语汇布局在空间的两侧。固态似乎在圣物前消散，空间融入立面表皮。天花板与地面不是平的，天花板像一种网，人行于空间中，每一个平面都成为疑问。北侧的网面及一个个方盒子，南侧可变的遮阳，不同的地面系统和天空的网，光照到展品上，但却不知来自何处。夹层给人可以感知整体组织的几何学的可能，只是走上夹层后感到夹层空间相比于主空间显得过于平淡了。空间中随机与复杂随处可见。这是一次近乎完美的体验。

迥异

浓烈、野性、吸引力是站在馆外的感受，建筑南面楔形的棕红体沐浴在冬日的阳光下，带着浓重的阴影，售票处和入口却在一处弧形的白色体块下承托着红色的延展。北面大大小小的盒子及覆满野生植被的弧形薄楼由庭园而延伸。若不是可见高耸的埃菲尔铁塔，恍然有身不知何处的疑惑了。

对让·努维尔中标中国美术馆新馆的一种评价是：该方案没有刻意放大某一个中国元素，没有强调瞬间的表达，而是把中国气质放进建筑的总体意境中。而我则相信他所说的不强加规律的探索性，包括上述种种，或许还应加上对光的神秘运用。

和汪克的交往源于贵州省博物馆工程设计的合作，共同披荆斩棘地进行环境踏勘，山丘与湖边的烈日灼烤，汗流浃背中推开长刺的灌木，划痕与棘刺见于左右手，一次深入的场所的体验。在探讨博物馆设计的过程中，有幸阅读了他的《博物馆：城市发动机》一书的书稿。其中的重要观点引起我的共鸣。

问题的提出

直截了当地，书中提出了自博物馆建筑被归入文化建筑之后，中国的新城市建设普遍面临精神结构的缺失，成为“缺心眼的城市”。作者认为博物馆被淹没在图书馆、剧场、音乐厅、文化馆等所谓“文化中心区”之中。而博物馆应当定义为一种类似城市“守护神”概念的特殊建筑。顺应于以前人们周日去教堂，现在人们周日去博物馆这一西方式的提法，博物馆已成为重要的旅游目的地。我想，所谓文化建筑的笼统概念确须淡化和放下，让我们回归到认知具体的建筑内容上和精确的理解上来吧。

发展的回顾

作者认为，从 17 世纪开始的欧洲城市间的博物馆建筑竞赛，到柏林兴建博物馆岛建筑及华盛顿兴建中心博物馆建筑群，博物馆已成为城市心眼的比拼。而 Tate 博物馆系列的成功，已决定性地改变了所在城市街区的环境质量。博物馆建筑在欧美新一轮城市改造与城市更新中则扮演了推动性的角色。众所周知的西班牙毕尔巴鄂市的古根海姆博物馆则是首屈一指的案例。我认为，时代的发展和计算机技术的深入应用是让博物馆变得更加炫目和张扬的动因。

选址的模式

作者提出的选址模式非常值得关注，它所提出的每个城市应为其综合性博物馆预留出至少一个最好一组建筑群的“中心地点 + 中心广场”模式的选址建设是反对将博物馆简单归入文化建筑呼吁的又一延伸。这里我们看到的是作者在给心眼定位，偏安一隅和随遇而安式的选择被摒弃和否定。

造血的机制

博物馆的增收或机制对博物馆的设计形态定位会有重大影响。作者提出博物馆不仅要成为当今庙堂，而且要为当今社会创造一种“博物馆生活方式”，为进入博物馆的人士提供更多吸引人停留的联结点。作者推崇纽约的 Moma 当代博物馆准确把握市场的动向，及时推出相应的展览和艺术家，不断在社会上制造新闻和消费热点的做法，并称之为博物馆不但要展示昨天的文物，而且要培养“明天的文物”。我们不禁想到在山东省博物馆新馆的设计中甲方设置动感影院和综合活动厅的要求。博物馆的免票时代已经来到，它将为空间形态带来改变，我以为，主题临展的大面积增加以及消费服务空间的丰富化将成为新建博物馆的趋势。一个案例是，我们在参观巴黎蓬皮杜中心时注意到，许多展厅是单独收票的，它所依靠的是精彩的主题展览。还记得我在参观丹麦的路易斯安那博物馆时，在其商店中购买了许多现代设计家庭用品，包括典型的北欧设计风格的收音机，在博物馆购买出色的设计产品已成为时尚。

氛围的创造

有趣的是，作者把博物馆的氛围比喻成发动机的缸压，为了得到燃爆反应，需要发动机的精密构造使气缸中产生缸压，因而展示陈列要打动观众需要给予人们空间体验。这里，作者提出了几种类型供大家参考。其一为压力型，宫殿式空间体验；其二为好友型，关联容器的空间体验；

其三为创意型，艺术空间的体验；其四为造型类，建筑胜出（像空气吸收一样吸收观众）。我感到，建筑师的激情已越来越多地倾注到博物馆上，正越来越多地将其创造成第一件也是最重要的一件展品，并成为大众瞩目的焦点，而建筑师本人也如明星般耀目和受到关注。

光资源容器

作者提出的将博物馆建成光资源容器的概念是对原来博物馆建设所经历的其称之为“珠宝盒”阶段、“白盒子”阶段和“黑盒子”阶段分析的一个比喻，试图寻求自然光的可调控和利用以及自然光与人工光混合的可能性及方法论。李布斯金则谈到光的神圣和各种形体在光之中所达到的完美和谐。光亮关系到让黑暗存在。我想，建筑师对光线给人带来的快乐的追求和对生动空间的执著始终是融为一体的，根本上，是追求感动的境界。

与汪克将博物馆比喻为城市发动机相比较，在李布斯金的《破土：生活与建筑的冒险》中，作者将建筑（这里应当理解为尤其适于博物馆建筑）理解为有生命的东西，他认为，建筑是活的，会呼吸，像人一样，有外貌、有内在、有躯体、有灵魂。作者把伟大的建筑比喻成伟大的文学作品，或者诗歌和音乐，能诉说人类灵魂的故事。甚至它能让我们用一种全新的方式来看待这个世界，而且从此有了改变；它能唤起心中的欲望，勾勒想象的轨道。李布斯金所要创作的是会吟唱的建筑，能表现个性与美感的建筑。

在这本书的序言附录中是张永和写的《匡溪行》，其中描绘了李布斯金和他的学生们如修道士般的创作状态和献身感。其中写道：他们穿着围裙，浑身是土，眼睛里放出特殊的光芒。他们的作品是非常理性的，具体特征是高度抽象性，并最终得到一组基本的造像元素。我有时在与汪克交流设计想法时，将他的工作方式和李布斯金相提并论即源于此，在某博物馆的设计中，汪克和助手们用各种材质及主题推定不同的设计阶段，制作出来了 40 余个草案模型，而其特征仿佛张永和文中所言之李布斯金和他的学生们的模型，与建筑似乎无关，但细看之下却有建筑空间性的作品，而其中散发出某种力量感动我们。和汪克合作的工作，是充满了故事和场景的推进过程，希望如其所言，这是个探险的旅途，但应是安全的探险，大家愉快地上路，经历所必须经历的，寻找未知的解答，在太阳下山前，让我们找到回家的路径，找到我们的所求。这的确应当是博物馆创作的过程，建筑师经历快乐的艰辛的有各种滋味的旅程。

李布斯金所强调的“追求梦想的建筑师”应当是敢于探险并控制探险的旅者吧。他认为如何回答要设计什么是个难事，因为他的想法有时是被一首乐曲、一首诗，或只是被光线落在一面墙的方式所启发。有时，是他内心深处的光给了他想法。我以为，创作博物馆建筑的过程有时恰如这追求境界的过程，我们所秉持的相信和执著是内心的真正动力。设计博物馆也许是建筑师的最好的梦想，它是建筑师这一舞者完美的展示台。

感动

这里我的理解是建筑师应当有一颗柔软的心，能与完美的形式不期而遇。李布斯金介绍了设计多伦多的皇家安大略博物馆时的情形。在丹佛美术馆扩建设计时，他乘飞机飞越这座城市，鸟瞰它有如交响曲般的景色时，想到了建筑的外形，即选择了从飞机舷窗中看到的落基山脉的嶙峋绝壁直落峡谷。另外，在设计曼彻斯特的帝国战争博物馆北馆时，他脑海中出现了一个地球散成碎片的意象，由此，他知道这座建筑的模样了。

灵魂

作者认为在密斯·凡·德·罗和格罗皮乌斯等现代主义大师的逻辑中，建筑应该呈现中性的面貌，但他们那一套放在今日已经不合时宜了。他认为，在经历了 20 世纪的政治、文化、性灵的蹂躏之后，现实环境不可能接受一个纯洁的现实了，人们不再想看到四周没有灵魂的无趣建筑了。面对历史，面对这复杂而混乱的现实，面对纯粹的情感，作者发问，难道不想创造一个属于 21 世纪的建筑吗？在建筑中，能感受到记忆与意义，体会到被唤起的性灵与文化的渴望。这里我更愿意相信作者指的是博物馆类的建筑，因其承载的内涵及 21 世纪消费建筑现象的愈演愈烈，为创造一馆改城式的轰动带来了可能和可信。而对于大量性的建造，现代主义大师们的论断似乎并未过时，毕竟，19 世纪也是经历巨变的年代。

场所

再次谈到场所，场所意识是不可侵犯的，并且是建筑应当反映的。李布斯金在纽约世贸双塔复建中的方案叫“回忆之基”，反映在地下看到的潮湿溜滑的连续壁和岩床，这一深坑面积达 46750 平方米，深达 21.3 米，建筑师下到坑底，感受这个岛的脆弱与力量，聆听石头说话，碰触冰凉和潮湿。作者写到，“其他的建筑师则无人要求下到已是曼哈顿的岩床的底下”。我感到，场所意识要求深入，肯定不仅仅是拿着数码相机一顿狂扫，它要求我们从开始就要深入其中、沉浸其中，体会其存在与个性。可以认为，李布斯金对场所及其事件的认知使他的“回忆之基”成为具有灾难纪念博物馆属性的建筑。

空间

李布斯金在柏林犹太博物馆的曲折建筑之中设计了一个“虚空间”，如某种捷径，但其中什么也没有。这一空间支离破碎，他相信整个犹太博物馆的精神都在那个虚空间之中。还记得 2000 年夏季我们去柏林旅游参观该馆时的情景，经过严格的安检我们进入曲折的空间，馆内空无一物，只有感受不定和变幻，里里外外，唯一的展品就是这个博物馆，强烈的印象是倾斜和压抑。2004 年 6 月，丹麦犹太博物馆落成，完全没有直角，李布斯金认为，除了直角之外，还有 359 个角度可供选择，他把一小块一小块的空间走着同一条路描绘为格子的专制。高迪认为自然界中没有直线，故而他的建筑表达了自然的精神，李布斯金没有否定直线，却否定了直角。

信仰

作者在地基、场所意识、光、面容、材料等的分析和故事之后，提到的是信仰。他引述《圣经・希伯来书》的话“信就是所望之事的实底，是未见之事的确据”。他认为，建筑在本质上是乐观的职业，路途上的每一步都必须抱着信念，相信作品会从二度空间的草图，成为三度空间的可居建筑。建筑建立在信心之上，并且建筑需要更多敢于探索、甘冒风险和打破规则的人。而当建筑和人们产生共鸣时，建筑师感觉花在建筑上的心血是值得的。

巴黎的街区里布杭利河岸博物馆与埃菲尔铁塔近在咫尺，传达出的是时空中精神的引力；《博物馆：城市发动机》想输出的是源源不断的能量；《破土：生活与建筑的冒险》传达的是捕捉，试图在建筑中表达众人的想法与情感，并让没有生气的结构拥有启发的力量。引用电影《功夫熊猫》中东方的乌龟大师的一句哲言（也是西方的李布斯金书尾的话）：“你得相信。”

（清华大学建筑设计研究院有限公司）

口述历史说建筑

编者按：2013 年 2 月 28 日，在中国建筑图书馆举办了以“口述历史说建筑”为主题的建筑师茶座活动。来自建筑设计、文物保护、媒体传播等方面的代表会聚一堂，与会者围绕建筑界如何做好建筑文化的传承、如何将建筑前辈的优秀思想和精神发扬光大，特别是如何将口述历史的工作开展好等大家关注的话题，各自发表了观点和看法。来自中国电影博物馆从事多年口述历史工作的专家也就当前口述历史工作中存在的一些问题和现象提出了自己的观点。此次活动由中国建筑图书馆和《建筑评论》杂志社共同主办。

以下刊登的是与会者的主要发言内容。

金磊：今天是 2013 年 2 月份的最后一天，也是我们今年举办的第一个茶座。在座的诸位专家也都知道，我们办建筑师茶座已经办了有 10 年了，我们越加认识到，要把这件有意义的事情做下去有非常重要的意义。今天我们还很荣幸地邀请到了陈墨先生，他一直在做口述历史的研究，并且要出一本关于口述历史的学术研究著作，或者说方法学的书，今年 3 月份出版。他做电影口述历史学的研究有很长时间，编书有 30 卷本，并且要报国家出版基金，我们非常欢迎陈先生这位业外的专业人士来参加我们的跨界论坛。

我觉得口述历史是一个很有意义的行当，就像一位历史学家说的：历史是彷徨者的向导。这说明，如果人类共同体是一艘驶向遥远未来的巨轮，那么过往的历史，恰如同高悬的灯塔，记录是为了记住历史，留下历史，呈现历史，并且复活历史。我们丰富的国家历史，是由不同的个体、家庭、行业的历史汇集而成的。什么对行业发展最重要，我想只有人。所以我们杂志近年来推出了一个栏目，叫做设计的遗产，现在越来越觉得这种提法是正确的。

记得 2012 年末我写了一个小文章，叫做《建筑悲歌》，记录了罗哲文、杨永生、华揽洪的离去。记得 2012 年 5 月 21 日，我和三位 81 岁的老者——

金　磊

季也清

费　麟

刘若梅

殷力欣

贾　珺

叶　欣

赵知敬

任　浩

韩振平

陈　墨

朱　侠

李　沉

杨永生、钟华楠、张钦楠，一起去看杨永生。他们三位一见我的面就对我说，罗哲文的离去带走了一些事情，有的恐怕永远也不会有人弄得清楚了。老杨总也说过，这些事是后人无论如何都再也找不到的，因为当事人走了。比如说李庄旁边那棵小树是怎么回事，当时不在那儿的人怎么可能清楚，所以都会是杜撰，都会是演绎。

回忆之前我们给建筑先贤做的集子并不算少，包括建筑师张镈、建筑师张玉泉、建筑师宋融以及年轻的建筑师王兵，我们的杂志也用大量篇幅记录了罗哲文和杨永生的生前。2013 年我们准备深入地做好谢辰生老的口述史，因为这个老人对中国文博界的贡献实在是太大了，他几乎成为唯一的活字典。但我们也应该看到，比较系统的建筑界和文博界的口述历史乃至工匠史，这样一个传承工作尚未展开。所以希望通过今天的茶座，我们用一种轻松的方式，钩沉起似乎沉重的话题。我们坚信，今天能够聚在一起的新老朋友，一定是有共同志向的，尤其是我们请来了电影资料馆一直做研究工作的学者。我们将在一起，共同做好研究和记录工作。

昨天下午向单霁翔提了今天这个茶座，他表示感慨。他就说他真的有事，不然的话一定会来。我告诉他，有的同志也建议，故宫还有 3 年就要 90 周年了，故宫的口述历史是不是该做。他说这个提醒很好，并说这两天就要开始做故宫的一些策划。口述历史的研究，清华贾老师这边也许已经做了一些，天大王其亨先生那边可能也做了些工匠史的调查研究，但是我觉得好像都没太上升到一个学科的层面上去研究。所以我觉得今天的会开得特别有意义、有必要。建筑师的口述历史有它独特的价值在里面，它不同于作品集的概念，因为作品集里很难有心声，很难有真正的足迹。就算年轻时候写足迹，和一个 70 多岁老人的回忆叙述，这其中的感情是不一样的。

（中国文物学会传统建筑园林委员会副会长）

季也清： 今天下午，中国建筑图书馆在《建筑评论》金主编及同人的关照下，共同在这里举办“口述历史说建筑”建筑师茶座，荣幸迎来了在座的各位嘉宾——建筑行业的专家学者，一同叙述感同身受的史料见闻，作为建筑行业图书馆，我们非常重视这次宝贵的学习聆听机会。

每个图书馆都有自己珍视的藏书，它们代表着这个图书馆的性格、气质和魅力，从各馆藏书中，读者可以了解一个人、一段历史，认识一个时代，最终与图书馆相识成为好友。

中国建筑图书馆是住建部的行业图书馆，从 1958 年建馆至今已有 55 年的历史。本馆收藏清道光九年 (1829 年) 以来的线装古籍、地方志和 1820 年以来出版的有关历史地理、绘画雕刻、建筑艺术等内容的中外文书刊（其中相当一部分是文物价值高、品相精美、流传较少的文献典籍）。这些弥足珍贵的建筑文化遗产，也是我国文化遗产的重要组成部分。正是由于图书馆几代人几十年持之以恒、坚持不懈地努力搜集才得以积累保存至今。

借用当下时髦的句式：有一千个读者，就有一千个哈姆雷特；同样，有一千个建筑设计者，就会有一千段建筑历史故事。

下面我用馆内珍藏的一本书来谈一下对古老建筑的感受。

自古以来，每个建筑都有其自身特别的历史背景和文化价值，而好建筑会讲述历史，会触及人的心灵。回望北京的城墙与城门，曾经因为它们的存在，让这群古老的建筑拥有了自己的生命，也因为 20 世纪它们在我们的视野中，城砖一块块被拆卸迁毁所剩无几，不再目睹它们的雄姿，使人扼腕叹息。如今我们只有凭借瑞典人奥斯伍尔德·喜仁龙所著《北京的城墙与城门》，来瞻仰它们在那个时间和空间里的定格了。

本馆有幸珍藏了英文原版 *The Walls and Gates of Pekin*（译为《北京的城墙与城门》）。作者是瑞典美术史家、汉学家喜仁龙 (Osvald Siren，1879—1966 年)。民国九年 (1920 年)，他通过对北京城墙、城门长达数月的实地考察、测绘，并结合文献研究最终完成此著作。书中收录照片 109 幅，测绘图纸 50 幅以及工程勘察记录。此书 1924 年由伦敦 John Lane 出版社出版，尺寸为 27 厘米 ×33 厘米，厚度 5.2 厘米。全球共发行 800 册，本馆收藏第 241 册（国图善本阅览室存第 116 号）。

著者在前言提及：“我所以撰写这本书，是鉴于北京城门之美，鉴于北京城墙之美，鉴于它们对周围古老的建筑、青翠的树木、圮败的城壕等景物的美妙衬托……它们与周围的景物和街道，组成了一幅赏心悦目的别具一格的优美画图。”读到这样生动的语言，遥想当年北京城墙与城门的雄姿，触动一种深刻的感情从这群建筑本身透出来，透得我心痛震颤。

想当年著名的“梁陈方案”（1950 年 2 月，参与规划工作的梁思成和陈占祥一起交了《关于中央人民政府行政中心位置的建议》，提出在北京旧城外的西侧另辟新区），不单是反对拆城墙那么简单，它的价值在于，50 年前的老北京，曾获得过一种“完整保护”的选择。为此梁先生曾写下：拆掉一座城楼像挖去我一块肉；剥去了外城的城砖像剥去我一层皮。书中描画了一个表，历书北京内城、外城、皇城城门被拆或毁的基本情况，冷冰冰的数字，却清晰无比地让我们看到了一次是 1958 年“大跃进”期间，一次是 1969 年为修战备地铁，集中这两段时间，城楼已经被损坏殆尽的整个过程，从此古城不再是一个整体。

如今北京的城门只剩下了“一对半”，“一对”指的是正阳门城楼和箭楼，“半”指的是德胜门箭楼(明朝北京内城的北城墙)。

这本书也是迄今为止关于北京城墙与城门最为完整翔实的资料，成为一部不朽的著作。

每当被堵在路上的时候，我就会想起明清时的北京墙垣城门是明代永乐朝在元代大都的基础上改建和扩建的，到现在已有 700 余年的历史；想起瑞典人奥斯伍尔德·喜仁龙的《北京的城墙与城门》；想起“梁陈方案”对古城保护的执著；想起这座城市的前世今生。

正是因为这座古城里面产生的那些“历史故事”，使北京的城墙和城门自身蕴涵着生命和情感，透着一种浓重的痛，让每个人感同身受。

此时我想起一句经后人改编的名言：“城市是石头写成的书。”而我感触“记忆比石头更坚固”(诗人雷抒雁语)。

(中国建筑图书馆馆长)

费麟：今天参加这个会，是缘分。能和大家认识，有的是第一次见面，有的则是老朋友了。比如陈墨这个大学问家，因为我的伯父费穆——中国老一辈的电影人的关系，好几次活动，陈墨教授都有参加。而且陈墨先生在十几年前访问过我的妈妈。所以我就觉得中国的这个缘分啊，翻译不出去，老外很难理解。今天参加这个会是缘分，写这本书也是缘分。说实在的，如果没有金总编和韩社长的大力支持，也包括李沉，我是不敢写的。

我第一本书是纪念我的母亲，是和我妹妹一起写的，第二本书写我自己。我觉得母亲在世的时候，我没有和她多多交谈，这实在很遗憾，可能也属于不孝吧。我现在能体会老人希望年轻人跟她谈话，谈话当中老人就想传达很多信息下去。但当时的我没有认识到这一点，等她走了才觉得很遗憾。所以我写第一本书的主要动机是感恩。为什么感恩呢，因为我母亲是 2004 年去世的，2009 年的时候是去世 5 周年，我想纪念她。还有一个，就是我自己毕业 50 周年，这个感恩的意思就是饮水思源，温故知新。我本着这样一个思想，在你们一个大主编和一个大社长的鼓励下，斗胆写了这些东西。

第二本书主要是写我经过的和看到的人和事，而不是写我自己，虽然有时候也是避不开要写一点。就这本书里面，我觉得我的成长过程有四大教育。一个是家庭教育，一个是学校教育，一个是社会教育，还一个是专业教育。这四大教育对我影响比较深。我想写，但是光想是写不出来的，我要有一大批资料才能去写，我妈妈有这个习惯。她刚毕业的时候，她的导师刘既漂在广东开事务所，就让我父母俩过去。去了以后，因为当时抗战，我父亲就写了一本书《国防工程》。后来广西大学的郭天慧，也就是张锦秋爸爸的同学，叫我父母去广西大学教书。我生在广东，后来又跑到了广西，而我妹妹就是在广西出生的了，所以我妈妈后来就开玩笑说，你们两个不是东西。1938 年的时候，我祖父去世，也就是费穆和我爸爸的父亲，我们就从广西去上海奔丧。当时奔丧很简单，提一个皮箱就可以走，可等我们要回去的时候就回不去了，因为日本打到广西了，整个家也全都毁了。但我妈妈所有的重要的东西都没丢，因为她有个经验，凡是出远门，就把自己的作品、手稿、证件全带在身上。假如没有这些，那我父亲的《国防工程》，还有很多手写的东西，我根本无从得知。我的母亲这点非常厉害，她把我小学的日记啊，什么成绩报告单啊都给留着。我看了这些东西，想起当时的情况，见物思情。所以我一方面主观上想写，一方面客观上有材料，就能够将一些照片，一些材料放到我的书里，那本书我放了 508 张照片。我当时还很遗憾访问的事情。我母亲去世以后，我就想访问她的同学，她当时有 11 个同学，有张镈、张开济、张家德、林宣（林徽因的堂弟），还有唐璞，这些人我小时候都见到过。我母亲去世后我就想去访问这几位，可是来不及了，林宣和唐璞两位一下子都走了。口述历史一定要访问当事人，我表示遗憾，非常遗憾。

我所说的四个教育里面，第一个就是家庭教育。我所在的是个大家庭，特别从我母亲这里是很典型的老式家庭。她的母亲是荣县第一位女中学校长，辛亥革命的时候带头放脚，不梳辫子，但是她很早就去世了。我妈妈受她影响很大，还有她的三个哥哥，包括张锦秋的父亲。后来我妈妈去中大考试，两个专业都考取了，一个是文学系，一个是建筑系。一篇很难的古文让圈断句，她全都对了，系主任很惊讶，就让她上文学系。结果她也很实在，说文学系养不起自己，我不修文学系，还是学建筑吧。所以我妈妈的性格还是受她父母影响很大。

我小的时候，也和我的大伯费穆住在一块儿。他是个导演，而且不是学科出身，但是他最初的三部电影《人生》、《香雪海》、《城市之夜》都是由阮玲玉主演的。他没有上过学，没有读过大学，完全靠自学。所以我的家庭对我影响很大，这种影响，就是耳濡目染的。

等我上学的时候，两个学校对我都有影响，一个是上海南洋模范中学，一个是清华大学。其实老师当时教的知识我全忘了，但他教你怎么学知识，怎么做人，这些我没忘，这其中还是有启发的。我还记得当时在上海，我喜欢文学、国文、历史、物理、几何，独不喜欢化学，因为它不是推理，要死记，我就觉得很烦。有一次上化学课我就捣乱，我说老师，化学分子式为什么非要这么写。结果老师也没给我打回去，他说，化学分子式是假设，是实践证明可行的，假如你费麟又假设一个更好的，我们都用你的。他没有把我一板子打回去，我就感觉这个老师很好地诱导了我。

所谓社会教育就是我没有回避所有的运动。“反右”那时候，我们班 90 几个人，打“右派”打了 3 个，工作组一来说不行，5% 的比例，再加 2 个，随便就给拉出 2 个去当“右派”。“反右”大游行更不说了，超声波、打鸡血，都是很怪的东西，当时都是小孩也不理解，反正都是怪怪的。我那时候打麻雀，人家问我打了多少麻雀……不理解当时的情况。然后就是“文化大革命”，当时我在清华。贾教授应该知道，我们“臭老九”都被发配到鲤鱼州去啦。我被发配到鲤鱼州一开始是壮工、劳力，后来看我表现好就把我放到木工组，跟吴良镛和汪坦在一块儿。刚一开始挑担根本不行，后来挑 100 斤砖没问题；木工也是一点不会，到那凿榫眼，锯子、刨子后来都会一点儿，回来之后我还做了个圆桌呢，身体反而弄好了。

鲤鱼州是有血吸虫的，清华好多人都得了病。当时工宣队大力号召大家，去鲤鱼州清华农场劳动，到水里去摸鱼捉虾，给我们描写了一通，说得很美好。当时我母亲在一机部院，他们一开始也选过鲤鱼州，但后来听说鲤鱼州有血吸虫就不能去了，结果就清华让我们这批臭老九去被血吸虫咬。当地农民一个都不在鲤鱼州，因为那是个劳动农场。下地的时候开始瞒着我们的，什么都不说；后来说有血吸虫，就在脚上抹那种塑料一样的药防虫。但那种药就两三个小时效用，我们早上六点钟就下地了，到九点跟师傅说，师傅啊，我上来抹点药再下去，肯定得挨批判，说你是活命哲学。当时我们又下水田，又下鄱阳湖，就是明知山有虎，偏向虎山行，豁出去了；大家都想命中注定了该生就生，不该生就不生吧。很奇怪的就是身体好的人，反而全军覆没，身体越好越得病。

后来正好有个机会对调，我要调到一机部院，结果对调成功我就离开鲤鱼州了，当时轰动了整个农场。我走了之后就去验验有没有血吸虫，到医院里没查出来，大夫说，血吸虫排卵是在一定的时候，不在它排卵期的时候验不出来。大夫说，没关系，血吸虫潜伏期是 30 ~ 50 年。然后最可气的是他给我甩了一句话说，以后好好注意身体，想吃什么就吃什么，吃好点。我现在掐指一算，30 年我没发，就等 50 年了。这个血吸虫是藏在肝里面的，需要打锑元素把它杀死，不过同时副作用就是伤心脏。很多人回来之后血吸虫病治好了，却得了心脏病。这段历史我全写进了我的书里，没有回避什么。

现在的年轻人要多加学习，特别是对历史知识的学习，很多年轻的编辑不知道历史。比如说，我说我有个“孃孃”，他就说你不能写“孃孃”，要写“娘娘”。这完全是两回事。“孃”是繁体字，“娘”是简体字，说出版社不能用繁体字。我说南方就叫姑妈为“孃孃”，你叫娘娘就不对啦，娘娘是另外一回事。最后只好在出版的时候，第一次出现孃孃的时候，注：南方人叫孃孃是姑妈。还有一个很好笑的事，1945 年美军在上海将日本人打退之后，好多海军陆战队到上海，开着吉普车，后面带着三陪女郎，就叫做吉普女郎。编辑又给我改了，改成吉普赛女郎。为了这个事，我跟出版社打了好多个电话，说千万不能加个“赛”。这个就说明什么呢，我们有些历史必须让年轻人知道，否则一听吉普女郎，不对，这个肯定是吉普赛。这些都是很典型的东西。还一个是说中国的地图原来是海棠叶，整个蒙古没有内外之分。我记得很清楚，那时候教科书上把中国各省的外形都画成个动物。东三省画了个狮子，甘肃不是两头大中间小么，就画了这边是个熊，那边是个鹅，脖子被熊咬住，很形象。蒙古当时是中国的，就画了个海豹。然后编辑又给我改了，我说蒙古像海豹，他给我改成内蒙古像海豹，那又不对啦。所以我觉得，就写这些东西，给年轻人一个完整的历史概念非常重要。很多诸如此类的误解和笑话，在做老一辈建筑师口述历史的时候也要尽可能注意。

第四个就是专业教育，我一生主要做的技术专业，前面做的两个项目是为我打基础，其他主要项目全是在后 30 年做的。比如说我做财富中心，财富中心现在的车站叫金台夕照，这是因为我们在财富中心挖基础的时候挖出来一个碑，就是燕京八景的乾隆那个碑。挖出来以后，规划局就跟我们的甲方说，你必须把这个地方留出来，做绿地。当时就没想到，做财富中心会有一个八大景之一给发现出来。做项目反映当时的时代，反映当时的人跟物。

在这个专业里面，我不回避对当前建筑乱象的批评。比如我对当时注册建筑师制度，咨询制度的质疑。咨询说得很怪，我们还搞了很多咨询公司，什么叫咨询公司，国外根本不认，建筑师当然可以咨询，而咨询是建筑师的前期工作。还有一点就是施工图审查，我特别反对施工图审查，我设计的项目我终身负责，要你政府来组织施工图审查，多此一举。为了审查，特别来个强制性规范，又是多此一举。规范大家都知道必须遵守，你还从里面再挑出来强制性规范，那剩下那些非强制性规范要不要遵守呢，不遵守的话那还叫规范么。所以很多都做得不可思议。所以有些我直接就批评了。

所有我讲到的四大教育，我都写了出来，为我自己梳理了一遍，也让年轻人知道一下。有些事我觉得还是应该赶紧抓紧，从现在开始应该是还来得及，所以我还是要感谢。

（中元国际工程公司顾问总建筑师）

刘若梅：去年的时候，金主编提出来这个所谓的口述历史，当时就是因为罗老去世了。我们文物界都知道，罗老身体特好，他到 80 多岁也是满天飞，到处走，跟八零后似的。他不光是国内各省想走抬起腿就走，国外也是，不停地到处参加一些会议什么的，结果万万想不到就是得了感冒，就突然没有再回来。

原来和金主编接触的时候也说，应该和这些老人多聊聊天。我本人是从 1984 年跟着戴念慈部长一块儿，在改革开放初期，成立了一个文物保护学术单位。用现在时髦的话说，就是摸着石头过河。在那样一种状态下，成立了一个学术单位。当时的老专家大多已经 60 岁了，因为前几年想做事情的时候，就像费先生说的，都在跟着这个社会瞎折腾。所以这些人也就在想，即便退下来了，利用这么一个平台，能继续做些事情。而当时真正发起这件事情的也不是文物界的人，而正是那些老建筑师们，包括张镈总、赵冬日这些人。那个时候也没想着说，没有资金我们这些人能做什么。稍微有个单位有点资助，大家就能坐在一起，畅所欲言，说一些想法，做一些具体的事。本来“文革”期间经济太不景气，还没有去大批地去拆，大批地去毁建筑。可是实际上，从解放初期一直到改革开放，就拿咱们眼前的北京来说，也已经是面目全非。要真正从现在的保护意识来说，那个时期的事情现在看没有一件不觉得是可惜，那个时候也已经是一个半现代化的城市了。所以说还有好多老人坐在一起说，即便发展经济，也要保护这些该保护的东西，因为它就是一个历史的遗存。所以这些老专家，也都是在自己本职工作以外的时间去做这些保护的事情。

所以当时我们成立这个学会的时候，大家都是兼职，完全是公益性的。我们没有一个人在这里面拿过一分钱，也没有考虑过经济效益的问题，只是说大家一起来做些事。而且涉及一些具体项目啊，希望这些专家坐在一起，能起到一定的社会影响效应。一转眼 30 年过去了。在这个发展的过程中，有些人就陆陆续续地都不在了。这么多年，所有在我们学会的这些人，都在中国发展史上起到了一定的作用，没有一个人不是举足轻重的。

以前也没有人去系统地整理这些东西。最近这几年，走的人越来越多，老一辈的人也都到了这个八九十岁的年纪。金主编提到这个口述历史的事情我们都觉得有点晚了，这个事真的值得做，但是如果就指着咱们几个人去做，力量真的太微薄了，应该是从各个层面发动起口述历史这个工作。仅仅靠我们几个人，去面对方方面面的整理工作，那还远远不够。比如咱们建筑界，项目应该是记录在案的，记录在历史过程中，包括这些人和事。

文物保护的东西不用说了，真正的文物保护工作是从改革开放 20 世纪 80 年代以后才开始的，以前提不上。可是直到现在，我们在做工作的过程当中还遇到方方面面的阻碍，经济发展的过程，实际上完全是破坏文物建筑的过程，也毁了大量的东西。古城就已经残缺不全了，其他的也很难保得住。我想我们应该做的是普及和宣传，让年轻人有这个意识，有些前人留下来的东西应该保留，就好像谁也不愿意刨自己家的祖坟一样。如果说中国人以后把自己家老的东西都不要，就只认外国的东西，我觉得这个从文化上真的是太可悲的一个事情。所以从年轻人的培养上，应该让他们从小重视自己的文化，应该注重自己的传承，应该让他们了解自己是从哪儿来的。为什么我们现在要把文物保留好，就是为了让它能够被传承下去。这些东西从教育普及上，我觉得是很有必要的。以往的很多好东西，“破四旧”都破没了。其实破掉的不光是东西，那个意识也毁了几代人，它使得大家认为所有的老东西都不好，我们不要老东西，我们就要新的，不破不立。现在回想起来，要想扭转这种意识也是一项很大的工程，而不是一句话能够解决的。从我们自己的历史意识上来说，这个阶段真的是很可惜很可悲的一个过程。所以我想，跟着金主编一起多做一些这方面的整理工作。我希望从各个层面、各个专业领域，都宣传一些这方面的工作，因为这些东西整理好了，让别人去看，也是一个警醒的东西。应该让大家知道以后不要再重复这种可笑的错误，这对咱们自己的民族来说也是一个非常重要的历史教育过程。

刚才提到故宫的问题，我想故宫自己有能力，也有力量，他们自己也应该有资金和班子去做这方面的事情。从工匠、师傅和专家几个层面来说，故宫有大量的人力资源，1500 人的单位，各个部门都拿着国家的俸禄，应该做点真的有益于人民的事。而我们自身从学会，或者从杂志社，如果有这个心力，想去做这个事的话，也可以去做。但更多的是应该做大量的呼吁和宣传，动员起更多的人参与到这个工作中来，也是一个功德无量的事情。所以我想，真的这是需要宣传的事情。

（中国文物学会传统建筑园林委员会副会长）

殷力欣：刚才听费总的话然后有一些感触。实际上我接触这种口述历史的整理，算算也已经整整 20 年了。大概是从 1993 年接触到陈明达陈先生的一些事情，当时他嘱咐我，让我帮他整理文集。从那会儿开始接触这事，到现在也干了 20 年了，所以也有一些感触。我觉得这个口述历史的事情，一个是采集，一个是整理，这两个都是很难的事情。就比如说这个整理工作，去采访的人，回来往往觉得整理很难。因为毕竟这是一个闲谈的形式，不可能逻辑性很强。受访者说完 A 说完 B，突然之间想起了 F，他没有去说 C，而是去说 F 去了。所以在整理的过程中，这些逻辑性的梳理，是要下一定工夫的。另外录音毕竟不是白纸黑字的东西，所以有些音的误差也很大，即使刚才费老提到他是书写的文字，都被编辑搞错了很多，何况是口述。还有一个难点，就好比张三、李四说了一些话，而你采集到的一些东西，他在这个事情上究竟成不成立。有时候不一定所有人的记忆都是百分之百的好，而且也不可否认每个人讲话都带有一定的感情色彩。所以不同人对于同样一个事情的理解，当记录下来的时候，需要有一个甄别和理解的过程。所以这个事情，如果我们不做口述历史也罢，如果做的话，一定要认真去做，尽可能地把几个不同的版本合在一起去对照一下。因为我在整理陈先生资料的过程中，就会发现莫先生和陈先生两个人是那么好的朋友，但是对同一件事情，会有不同的认识，不同的理解。更何况还有一

些对陈先生有其他看法的人，他们的转述我想是有一定问题的。

我今天带的这本书，就正好是刚才说的谢辰生谢老的一些东西。我对谢老很尊重，首先要声明这一点。这本书里有这么一句，就是在缅怀罗哲文先生的座谈中谢老说的这么一句话，就是当时拆朝阳门的时候，工作组请罗老主持，当时陈先生认为可以拆，只要做了测绘就可以了。谢老的原话是这样的："陈认为北京市政府是对的，他认为保护古建筑只要把资料和测量做好了就是保护。"谢老认为陈先生是这么认为的，但是这个事情恐怕就有出入，而且出入是非常的大。谢老还说"当时罗与陈二人就如何保存古建筑争得很厉害"，这个虽然看来是一个闲笔，而在我看来可能就是谢老对这个事情的记忆有误了。罗老是 1924 年出生，陈先生是 1914 年出生，大了 10 岁。而且罗老进营造学社的时候，尽管他当时是拜的梁思成和刘敦桢为师，但实际上拜的是莫东江莫先生，所以罗老称莫东江先生为先生老师，称陈先生也是一样的。所以如果这两个人有不同意见，一定是心平气和的，不会去争吵。而且陈先生是一个很怪的人，他的坏脾气是当时文物局有名的。但他这个坏脾气是只跟官比他大的人干，不管是局长，还是副部长，该脸红脖子粗甚至是拍桌子，他都可以干，但是对于职位比他低的，他一定是心平气和的，所以这些细节，我想对起来就有一些出入了。另外我说说陈先生为什么说这个只要测绘就是保护，其实陈先生确实说过相似的话，但是放到这里就有一点走样。

陈先生是 1950 年由梁公推荐他到文物局，当时他正在重庆设计西南局办公大楼，信上说，你来北京发挥你的专长。可是等到 1953 年陈先生去报到的时候，梁先生给他的意见是说，"请你一定在不妨碍社会主义建设的前提下尽可能多地保存古建筑"。这说明当时的情况已经变了。就说当时 1953 年来到北京的时候，在这种大拆潮流的推动下，不要说是陈先生、梁先生，更多的人谁都挡不住了。所以当时他们就想尽办法怎样去据理力争，如果要是说一准不许拆古建筑，这是根本不可能的事情。所以他们只能说政府如果要拆哪个，那拆掉可以，但是一定要有详细的测绘，甚至是历史文献去查证。而且甚至是，寄希望于测绘当中，找到新的证据去证明这个东西的更多价值，这样才能成功地将它保护起来。这里有实际的两个事情，一个是团城，一个是永乐宫。当时要拆团城，陈先生不可能说我反对拆团城，他所能做的工作就是去证明团城有多大的价值。这之后梁先生才有可能到周总理面前把这个给保下来。再说永乐宫搬迁的事情，永乐宫搬迁是 1959 年，但是对于是拆了它还是搬迁的论证，是从 1957 年开始的。这个我想当时那一批人是顶着很大的压力，去想怎么去保护，去想办法充分地证明永乐宫不能拆。所以陈先生 1960 年调走，也是为了去实际地证明一下他对古建筑的保护哲学，就是为了保护一个古建筑，要完美地证明古建筑的价值，于是就有了后来他出的那本《应县木塔》。他自己曾经很得意地说，这本书的测绘精度够了，对历史的考证不能说做得很完美，但也已经很深入了。面对这样的价值，这个东西就不可能拆了。

总而言之，我认为口述历史一定要注意这么几个事情，一个是对采集到的材料要在逻辑的梳理上下工夫，第二，对于事实要反复论证。

（《中国建筑文化遗产》副总编辑）

金磊：殷先生说的这个事情，我们也想到了，比如说一个老先生他对这里某些事情的看法，可能有一些其他的让人不好理解的地方。另外我觉得，只要是出版物，都不可避免地带有偏向性，任何编辑都有他的好恶，客观也只是相对的。就算大百科出版社的老主编也说过，没有一个出版家不带有个人偏见在做东西。以我为例，有时候在登东西的时候，肯定有意识地采集某些东西，但是要尽量对得起良心。但是我是觉得，在整个录音的工作过程中，也绝不能因为慎重，就把事情拖得特别慢。很多时候要注明，这个是受访人的单方面见解就可以了，更多的解读要留给后人。

其实我今天还带了这本《缅述》，是杨永生在 2012 年 7 月 18 日，也就是去世前 12 天送给我和李沉的。当时老人觉得自己得癌症快不行了，于是就是把建工出版社的两个编辑叫来，用了半年的时间，一段一段地，做了这么一本口述历史。所以我觉得这事，就是一个特别好的范例。

殷力欣：我以前跟杨总说过这么一个事情，说我知道一个事情，但是恐怕没有什么旁证。杨总就说，没有旁证你先把事情说出来，以后也许有人就给你证了呢，如果你不说的话反而是对历史的忽略了。

贾珺：我觉得口述历史这个事啊，确实是非常有意义的，非常能够引起大家兴趣的一部分内容。这让我联想到很多年前我读过的冯骥才写的一本书叫《一百个人的十年》。他选择了 100 个人，从相对比较显赫的政治人物，到很草根的农民、工人，大家不同的文明不同的经历。一个宏大的历史一定是由若干个体的生命历程、个体的历史组成的。

回到我们这个专业来，我的感触就是，建筑这个专业相比较很多别的专业来说，往往和整个社会的演变，包括国计民生的关系，还可能更紧密一些。具体来说，特别是新中国成立以来的第一代建筑大师，包括很多第二代建筑大师，就有很多大师级人物，他们往往出身于很重要的世家。当然后来，随着这个专业的进一步扩展，教育的普及，到我这种徒子徒孙辈出来的，都是很草根的了。但是我们看第一代建筑师，往往有很深的家世背景，包括费总，都是非常有传承的，当然殷先生也属于是这个世家的延续。但是到了我这辈的时候，我上学已经比较晚了，20 世纪 80 年代、90 年代读书，其实很多大前辈，比如梁、刘、杨、童诸老，已经没有机缘见了。但是第二代大师里面有些人物，还有机缘稍微瞻仰一下风采，而深的接触就不敢说了。我还有幸见过费总的母亲张先生，是在 20 世纪 90 年代末，国家大剧院第二轮方案展的时候，我印象很深。当时在那个博物馆，我的老师给我介绍说，你不要小看这位老先生，虽然当时张先生年纪很大了，由费总搀着她走，但是张先生的风度仪表还是非常的震慑人心的。费总刚才说到的一些事，好多我都读过，包括费穆先生的故事，包括他的一些经历，令我非常感慨。他们的身上其实不光是见证了很多的历史事件，而且他们还亲身参与了，这个是非常重要的，不可替代的。

我在清华读书的时候，第二代大师也都纷纷退休了，我还见过莫先生一面，我还记得莫先生跟我说的那句话，“做建筑还靠你们年轻人啦，我现在过时啦，什么后现代主义，我根本弄不懂”。他这个话其实带有一定的脾气在里面的，我印象很深。我还见过汪先生，记得当时没别的福利，就是每年会发水果，但总不能让汪先生、马先生过去取吧，所以当时就派年轻人去送。我送过去汪先生就半天不让我走，他有很强烈的要讲故事的欲望，而且老先生他耳背，就是我说什么话他根本不听，就是他滔滔不绝，而且声音很宏壮地讲。汪先生 2001 年过世前那一段时间，他去北医三院住院的时候是我去陪床的。老先生有时候醒过来，还是会跟我不停地讲，我当时就没想到用个录音机去录，不过幸亏，当时这个工作有一个更重要的人

去做了，就是赖德霖老师，他是汪先生的博士生。在10年前我开始接手“建筑史”这个刊物，也就是之前的建筑史论文集，一直是我们清华建筑学院以书代刊的这么一个刊物。我接手的时候发了一篇文章，就是赖老师写的，叫《口述历史·汪坦回忆》，赖德霖笔录。汪先生的回忆，而且也是很知名的学者来记录的，赖先生他还给文稿做了很多的注，比如汪先生里面提到某人，他就给写明了相关的历史背景。我当初很希望这种内容能变成一个专栏，结果却是个绝唱。

我现在觉得对于前辈大师的灵光片语般的这个了解，往往就有赖于，一个是我的老师们讲一些诸如此类的故事，像当年梁先生说什么啦，杨先生说什么啦，这些吴良镛先生还回忆。他们以前读中央大学的时候，有一个同学图画得不行。然后杨廷宝先生过来看了看，就拿起笔来给他添了点配景，马上那个图就升华了，全场鼓掌就跟发了狂一样，这些小场景都让我听得非常震撼。这些表述让我感到非常感慨，甚至有点像读《世说新语》一样。前辈大师的这种风范，让人觉得内心里面非常钦佩，还很自豪，就想我居然也能够作为他们的学生，或者学生的学生，也在做和这些大师同样的事业，很了不起。包括这里面有很多有趣的东西，我觉得我们可以把建筑师的口述历史，也上升到一个非物质文化遗产的层面。很多这种东西我觉得，跟我们现在存在的物质文化，建筑物以及实体遗产，是可以相辅相成的。很多这种口述历史其实可以更鲜活地告诉我们，在这个整个社会大背景下每个建筑是如何产生的，它所受到的各种因素的影响是什么，也包括每一个建筑师在这种潮流当中，是如何去奋斗、抗争，如何去实现自我，所有这些，我觉得拥有很高的价值。我们前些年有一个博士生毕业，他写的博士论文是研究营造学社，然后他就去采访了很多前辈。他的论文正文是一半，后面一半就把采访的那个东西作为一个附录放在里面。最后大家一致公认说，你那个论文么，没什么可看的，但是那个附录非常精彩，非常有意思。就是说，那个论文没什么意思，没人读，但是无意当中保留的很多重要的口述历史却弥足珍贵。很多东西我们今天以为是常识的，也许过了若干年之后，可能就事过人迁没人知道怎么回事了，我也举个小例子来说下。清华有个很著名的陈志华先生，这个费总也很熟的，先生有三个笔名，分别叫斗武、梅陈、李渔舟，大家都不知道什么意思。我当时亲口求证过陈志华先生，他说他当时写北窗杂记里面就是用斗武，这是他小名，谐音而来，他没有具体解释。他觉得有“武”这个字吧，有种个人论证的意思，就拿他来做这个杂文集的名字。梅陈呢是因为老外叫他Mr. Chen，取谐音。李渔舟就跟刚才费总说的情况正好对上了，他也是被下放去江西那个鲤鱼州了，也是取的谐音。他就希望通过这个笔名，把他的一生重要的一些事，给表现出来。

（清华大学建筑学院图书馆馆长、教授）

费麟：在鲤鱼州的时候，我们就和陈志华在一块儿。当时要批判陈志华，批判他写的那个外国建筑史，结果没批判成，为什么，那些红卫兵看了说，还挺有意思啊，算了算了别给你批了。

贾珺：因为不同的途径，我也跟老前辈有过比较多的接触，但我也没有进一步去整理这里面点点滴滴的一些口述历史的东西。我觉得这是比较可惜的。所以我也特别希望好好想一想，怎么样才能有效展开这种工作。就拿我们学校来说，特别是让现在这些博士生硕士生来做，这正是他们学习的一个重要方法，因为学生不光记下来了，还要整理，甚至还要适当地去做一些注。学生会去查更多的资料，同时也会直接得到前辈这些大家的指点。这个很可能就是所谓的“听君一席话，胜读十年书”。我觉得这不算是一个很夸张的说法。很多时候，前辈的指点真的是有醍醐灌顶的这么一个效果。而且很多东西其实是很有意思的，就看他们怎么去理解这个事。要想把历史文化更好地传承下去，需要让越来越多的更年轻的一辈真正具有历史感。

大家不能认为我们好像只活在当下，我们只看到很短暂的一个未来，这是非常恐怖的一个事情。一个民族，不了解长远的过去，也没有看到更悠远的未来，这个是最急功近利，最可怕的事态。我们看到的很多，比如文物保护工作和其他工作当中，各种不尽如人意的事情，其实都源于真正缺乏历史的思索，缺乏历史的纵深感。所以金总提出并将要推动这项文化事业，我觉得是非常有价值的。我们也有可能把这个事情做大，而且这部分我相信会比很多别的行业，更能够引起全社会的关注。因为建筑师他本身就是在创造城市，甚至在某种程度上，在创造我们的生活空间和相应的生活方式，这些东西是结合得很紧密的。我们以后能不能就在这个旗帜下面，大家能够针对自己不同的具体的领域和这个人群，来多做些这方面的工作，将它成立为很重要的一个专项来继续做下去。我认为无论是对于历史的记录，还是对于当下、对于未来的启示，这个意义都是难以估量的。

叶欣：我作为一直在生产第一线做设计的设计师，其实不管是电视台也好，还是剧院也好，多少都跟文化沾一些边。但是我们在做很多投标和创作的过程中，一直也会受到这种困扰，像历史、文化如何与这种现代的创作东西结合，更多的时候实际上是在找一些说辞。

由于机缘巧合，2000 年的时候我正好到了当时的建学事务所。这个原是戴念慈先生搞出来的，后来成立新的建学就分成了几个分部。当时北京的分部是孙芳垂总带头，就是做中央电视塔的，还有张钦楠先生，也包括张永和、张在元、鲍家声。当时我完全属于刚刚参加工作的学生心态，突然发现很多书本上的人物都活灵活现地出现在生活中了，就感觉还是挺幸运的。

今天我主要想说说张钦楠先生这一块儿。张钦楠先生他不管是在整个注册建筑师的开创上，还是文化层面上都做过很深的研究，他也给了我很多的帮助。他实际上一直也是在做历史的记录工作，写了很多很多的东西。他有一些很早就出来的书，类似于读书札记一类的东西。我在好多年前刚读过这个书之后，中央台就播出了个叫大国崛起的节目，当时里面有很多的观点，是在他这个书之后出来的。就是说，张先生站在历史的高度，认为从地理的角度去决定整个的历史，历史再决定文化，文化决定政治，在这样的一个传承的脉络上，他其实一直在做一个很深的研究。当然他还有很多的书，包括前段时间从国外给了我一本南安普敦的《一部批判的历史》的第三版。先生重新整理，重新编译，又重新出版了。他还有一个系列的书是讲他的爷爷，他爷爷是张寿镛先生，当时是在上海创办光华大学的，后来又在包括成都等地方办光华学院，他对整个中国的传统学说有非常博大精深的理解。张先生就回想他小的时候，他爷爷教他的一些经史子集的东西，那个时候他理解不了，所以现在他就用一种很梦幻的方式，跟他爷爷做一个交谈。在这个交谈当中，把中国的经史子集这几部东西拿来捋一遍，重新理解一遍老的这些东西。张先生本来就是一个中西两边都非常博大精深的人，他在写这一系列书的时候，也就把四个东西都讲得很细了。

其次我讲一下我自己从 2011 年到 2012 年，被国家公派出国留学，去了一趟宾夕法尼亚大学。咱们也都知道，很多老一辈的建筑师，也都往宾大去，我们当时也是比较仰慕去那里学习的。宾大有一个艺术图书馆，我记得去之前我曾看过央视出的一个梁、林纪录片，于是我们就去宾大里找到了他们的这一些资料。当时我拍了很多照片，包括梁、林他们的成绩单，成绩单上有很多 D，后来他们就告诉我们，当时 D 算是最好的成绩。还有他们参加一些晚会，林徽因会自己缝制一些衣服，有很多这种的史料。包括后来还看到，咱们国家第一个去的人叫赵胜，也有很多资料留在那里。当时那里还有一个管理员，他觉得我们挺真诚的，就把杨廷宝先生当年的水彩画，有一些留在他那儿的真迹拿给我看，他说从来没有给任何人看过。后来我也把它拍成照片，作为一个留存。刚才金主编也说了，年轻人如何去了解传承的东西，有时候我们可能对一个文字的东西，无法触发情绪上的感动，但有时候看到了这些个实物之后，反而会有所感悟，之后我们也会去更多地了解他们的历史。后来在那边又看了台湾版的梁、林记录，跟大陆这边还是有很多出入的，但我觉得这也可以更全方位地去展现一个生龙活虎的人。

（中广电广播电影电视设计研究院建筑室主任）

赵知敬：我是从 1952 年进这里学习，到现在已经 60 年了。去年我们同学聚会，我们同学最大的已经 80 岁了，我是 75 岁快 76 岁了这样一个状况。一毕业呢我就被分配到规划委员会，1955 年，因为北京市是 1955 年实施决定成立北京都市规划委员会，成立北京市城市规划管理局。所以等到 2015 年我们也是 60 年；我们规划院到了 2016 年也是 30 年；规划学会到 2015 年也是 20 年，所以说都很有历史。我不断地在追溯我们规划行业的历史，我们 1950 年的时候编了一个叫《岁月如歌》，当时我们有一张在档案馆找的老照片，1957 年在正义路，规划委员会的一张照片，有苏联专家，有领导，所有的人都在上面，这照片都软了，经过电脑一修整，还可以。又一张照片，当时规划局的一张照片，当时是 1956 年，所以我就把这两张老照片上的所有的人，只要活着的、都在的就都找到。因为这个照片里面有很多被打成“右派”的，我们把这些所有的人都找回来了，很多人都不愿意回来，但是实际上他们都想回来。回来，实际等于规划委员会承认他们；这些人有坐着轮椅的，有拄着拐棍的，都来了，我们又照了一个合影，我觉得很有意义。

有些历史的东西是很说不清的，我编这本书的时候，每人给他一页，现在你们清华的有很多一个班的是吧，给他一个照片，你家庭的照片，他的简历，他的寄语，比如你说点什么话，你看这个黄希敏是你们清华的，当时给打成“右派”了，他写了一句话，就是 “我对城市规划这个事业，我特别热爱事业，但是由于历史的原因我不能继续地做这个工作，至今我的心不死”。就是他们对党的这个历史呢，就那样宽容、包容，我觉得这本书你打开一页一页的，里面都有这样那样的故事。原来排版时最后一页是个“右派”，我说不行，放最后不行，给他放前面来，因为他会有想法啊，你给他放最后一页，他会说是不是对我不重视啊，怎么给我排到最后呢，我觉得不行就给重新安排。

我们又编了一本规划志，就是规划的历史，编得还挺厚。储部长说啊，这城市规划哪些事是咱们定的，就是要把这个真实的历史写出来。这又难为我了，这得多少内容啊。我们就开会，安排写什么啊。开始的五六次会都没什么东西，到后面我就搜集了好多这些文章，搜集多了一浏览，就出了这个程序来了。就是见了谁跟我都是欠账，就一个个地催文章。到最后弄了 1200 页，我就跟印刷厂说最好给我出一本，要是出两本，让人借走一本再给忘了，就缺了。

现在很多人拿着我的书当字典一样，要查什么东西就上我这里面查，上面年月日什么的，事情都很清楚。最近发现这东西还是不行，好多事情历史啊还是移别人的，最近那个华揽洪去世，他女儿那天又找我，她说甲乙方案，1953 年北京规划局，华揽洪做了一个甲方案，陈占祥是乙方案，她说她爸爸这个方案比人家那方案怎么怎么有特点，说这些。但是我们抄来的那个东西都是简单的文字，没有什么详细的内容，没有分清甲乙方案。如果我说叫华新民查，档案馆不让查，因为那还是绝密材料，我就去查了；而且这个材料在昌平县，现给我调回来的，我一看，人家有一个说明，很简单的一张纸，上面说：甲乙方案的共同点是什么，甲方案的特点是什么，乙方案的特点是什么。这个就太厉害了，因为人的口述的话会有记忆上的问题什么的，但是这个不会。现在你要想把它复印下来，因为它是绝密，还要报领导，规委同意才行，我说这都 60 年前的材料了，早就该降级了，这个甲乙方案在社会上没有争议。后来那个材料我一跟华新民解释，她就听明白了。

华揽洪这个人很厉害，他是在法国学成的，而且是在法国事业有成的，到 1951 年的时候，他的父亲华南圭不许他回国，但是他还是回来了。他的

作品除了儿童医院，还有一片住宅区，幸福新村，是华揽洪弄的作品，确实很精彩，到今天来说也是很精彩，但他没有充分发挥他的作用。档案本身如果不完整，那么历史也会出现差异。

现在我还在做一个东西，就是老照片，叫做岁月影像。很多影像拿来以后很精彩，这是历史的一种记忆，而且它很容易引起一些联想。文章很难引起人深入去看，有时候别人问我的很多东西，我说我的文章里其实已经都写清楚了，所以我觉得就是，编这个历史啊，我们就应该回头看，把我们的事情弄清楚。

口述历史我觉得也是一种抢救，刚才我同意这个观点，也可能呢，这个人说是站在这个观点，那个人说是站在那个观点，在这个角度上他看到的肯定是这样，站在那个角度是那个角度的看法，也可能等第三者出来一校对，发现两个都存在偏差。

（北京城市规划学会理事长）

任浩：我们中国院也有一些资料，有一些历史，而我们的工作一方面是给院里做宣传，另外一方面也就是去收集整理这些东西。中国院的特点就是以前很辉煌，20 世纪 50 年代的时候做了很多中央的建筑，但是后来因为经历了“文革”，解散又重新恢复，这个过程中好多人员就流失了。“文革”前大概有 1500 人，之后只有 300 人回来。有时候我们也想做一些工作去记录历史，但就像刚才说的，能够提供信息的人，不管是口述的、笔述的，都没有那么的充分了。所以我们就在 2004 年的时候出了一本书，叫《建筑人生》，让院里大约 60 个老前辈，每个人都写写设计生涯当中最有意思的一件事。等书出来以后发现，这些东西经过整理，就如同是新中国成立以后建筑界发展史的缩影。刚才大家都说了，每一个人的记忆都是不同的，有些人可能记得清楚，有些人可能记得不清楚，但是没关系，大家的都放在一起的时候，这个图像就变得更鲜活。而且大家由各种不同的观点切入，最后的结果就比较准确。

现在建筑界大家似乎都有一个倾向，就是觉得中国的现代建筑好像没什么可学的，尤其是年轻一代。我们上学的时候也有这个倾向，这个贾老师最清楚，比如说建筑系里，几个建筑史的课中可能中国近现代建筑史上的人最少，因为大家印象中就是那些方盒子，没什么东西。可是等到我看到我们院原来的一些图档，还有照片的时候，就完全震撼了。我没有想到在20世纪的时候，中国人曾经设计过那么多、那么前卫、那么现代的建筑，而且是现在可能都设计不出来的。当时那个震动一直到现在都还在，我今天给大家的书里面，又把那个时候我看到的一些20世纪50—60年代的作品和现在我们能够看到的国外的一些近代当代的作品做了一个比较。我觉得其实中国人的创造力一点都不差，不管是学习现代主义，还是对当时那些功能、材料的运用。但是当时也发现一个特点，我们院里的三大师，就是戴念慈、林乐义、陈登鳌，再加上龚德顺龚总，我们看到他们其实都做过一些很古典的东西，而与此同时他们也都会做一些非常现代的东西。比如像戴总是中央大学的，他有些设计就跟赖特挺类似，林乐义就更不用说了，从美国留学回来，也可以做得非常现代。但很奇怪的就是，他们怎么能够同时做出那么古典也还有味道的东西。比如说龚总做的那个建设部办公楼其实没有大屋顶，但它就把古建筑的韵味，用非常简单的手法做得很精当。

后来慢慢地跟他们这些大师相接触的机会就没有了，因为有的人去世了。龚总也很不幸身体有病。我们给他们做一些书，也和他们周围的人聊，有时候做书这事必须要把他的家人发动起来，要没有家人的话这事不好办，因为往往家里都会有大量的资料。我们也找他们的亲朋好友写些东西，也发现这其中还是有很多很坎坷的事情，他们在那个年代下，一方面想表达中国的文化，一方面也感到压力很大。可能是大家都在这个号召下，反而有些手法就受到了限制。

我们杂志做一个栏目，就是图片档案，因为我们有很多珍贵的图片。有时候我们也请做那个项目的人来写一下这些文章，还有的时候就把他们以前在学报上或别的杂志上发表的文章转载过来。有一次我们找到陈登鳌陈总当年做的地安门宿舍，因为那个位置比较特殊，对着地安门，所以用的就是大屋顶。这个设计的结果就我们来看是非常成功的，也把中轴线的状态控制住了。当时学报上还转载了一篇《人民日报》的批评文章，说这个项目在经费上花销太高了。让我们非常感动的是，陈总听了这些批评后，自己专门请了梁先生，还专门请了好几位苏联专家来评价他这个建筑。他也不是要别人夸他，就是要让别人提出他的不足。后来学报把这些批评和建议也都给综合在一起发表了。我觉得现在我们的建筑杂志，建筑评论就没有这个氛围了，大家只要登文章都是夸的，因为大家都怕如果批评的话下次怎么办。那一代人的这种精神，还有他们对学识的真挚感情，都值得我们学习。

反过头来对比了那一代老建筑师，我们发现现在的新建筑师实在是太忙了，反而没时间写这些东西，也没时间去考虑设计是怎么来的，而就是完成任务。我觉得要跟老一辈学习，特别是了解那些建筑本身，你看到的不仅仅是一个建筑体，还有它背后隐藏着的许多故事。就像贾老师刚才说的，建筑背后有历史、有社会的因素，都在共同作用。

（中国建筑设计研究院编辑）

韩振平：听了刚才各位专家的发言，更加坚定了我作为一个出版人来参加这个会议的信念。我们天津大学出版社，是以建筑图书为特色的一个出版社，主要目标还是要把建筑图书的特色突出出来。这些年我们一方面依托于天大建筑学院的资源背景，一方面依托于金总编，也就是和北京院的合作。这些年我们出版了很多非常有价值的建筑图书，也被社会所认可，包括今天谈到的口述历史，也包括之前给费总出的书，在社会上也有一定的反响。我想，抢救口述历史的意义确实是非常重大，它对于当前营造一个百花齐放、百家争鸣的学术氛围，尤其唤起对于近现代中国建筑史的研究力度有很多积极的意义。咱们刚才说到，建设部大楼设计得非常好，可是还有很多 20 世纪的建筑都很优秀，从而也说明我们的建筑史是很不完善的。只有通过口述历史，总结更多老一辈建筑师的思想和经历，才能够丰富和填充缺失的建筑史，才能把细碎的区块串联，然后才能够传承下去。否则的话你让现在的学生学什么，学古代的东西，也学西方的建筑，这之外也有很多值得去学的东西，中国的近现代建筑在古代、西方之间是一个什么地位，是一个什么价值，它怎么把其他元素和风格的设计结合起来，这结合中产生的精彩的建筑是很多的，这种技术、这种设计的理念，应该得到继承。

所以从一开始金总编提出这个事，我们出版社就表示全力支持，既从资金上，也从人力等各个方面。这不是一个单纯为了经济利益而做的工作，它的社会效益我们也同样关注。因为这是一件对社会有意义的事情，是一种功德无量的事情。最近我看了一本书，不是正式出版物，是设计院的一个叫郭玲的同志所回忆的历史，回忆她的母亲，我看了就特别感动。书上写了她怎么去参加革命，去了延安又转回到东北，怎么开展工作等。实际上她所写的这些东西，一定程度上也丰富了咱们共产党的历史，每一个个体的记忆能够极大地为我们的正史增加色彩。因为正史中不会记录这些故事，我觉得这个很有意义的。回到咱们建筑界，特别是对于一些建筑的工匠，他们的技术，做这样的口述历史意义重大，因为这些手工艺现在失传的速度让人吃惊。去年我们出版社出了一套书叫做《杨柳青年画·传承人的口述历史》，这是得到了社会科学基金的资助，是冯骥才先生组织做的，意义非常大。而我们要做的建筑师口述历史也具有同等的，甚至更高的价值。希望通过咱们这样的讨论，能够让更多人和企业认识到这份历史的珍贵。这样我们才能够获得更多的支持，也有利于我们理清自己的思路，最终把这个事情做得更好。

（天津大学出版社副社长）

陈墨：我今天很冒昧地越界参加这个会议，因为这是个建筑师的茶座，而我是口述历史人，也是档案人。听了大家的一些发言，了解了建筑师们对历史的了解和对文化的了解，受到教育，谢谢。

作为口述历史人，我在这里想提出三条建议：第一条建议叫做在实用基础上尽可能注意前瞻性，第二条是在规范化基础上再灵活，第三条是在传播的前提下归档案。

先从归档说起，我首先要对在座的图书馆馆长说。因为做口述历史无论是什么目的，一定要有档案意识，一定要把录音和录像作为档案保留起来，留给未来。很多人做口述历史没有档案意识，因为他没有意识到我们做口述历史实际上就是创造档案，创造证据，如果个人使用了证据之后就把它藏起来或者把它丢失了的话，那我就可以质疑这个证据的真实性。其次，如果我们采访了一个口述历史的话，按照我的思维模式理解之后，我用的那些边角料，可能会成为另外一个人的资料，他可能在里面找到比我要专业得多的信息。就比如说罗老喜欢吃红烧肉，现在我们完全不理解红烧肉和罗老的这个精神世界有任何关联，因为它有无数个变量在其中，但是在150年以后，研究医学人类学的人，没准就能够把红烧肉和罗老的思想、身体、精神和社会牵连起来。我们现在做口述历史的人一定不能够自以为是，一定要留给未来人解释的余地。其实在国外口述历史的领导者应该是图书馆长、档案馆长、博物馆长，包括美国国会图书馆、总统图书馆、哥伦比亚大学的巴特勒图书馆等。我们中国在从原始的官家档案库、图书库向社会公众的档案馆、图书馆转型的过程当中。但实际上，西方已经从公共图书馆向公共社会信息枢纽、信息中心转化了。一个图书馆或档案馆有很多的功能，并不仅仅是说我这开放场馆，欢迎来看书而已，它还应该具备收集信息、保藏信息、传播信息和改变社会生活这些重任，这也就是我国图书馆和档案馆在未来的50年里会发生的革命性的变化。

因为我是档案人，我所在的中国电影资料馆，也就是中国电影档案馆，是从档案的角度来理解历史，可能会比其他做口述历史的人更宽泛一点。我会考虑到150年以后，比如赵主任的那一段民族精神、时代特色、地方特色，会得到一些新的评价。包括对于刚才任女士说到现代建筑都是方盒子，近现代建筑史没人听的解读，我就可以解读出，其实我们这个时代，建筑是一个文明的凝固的记忆，在一个个方盒子当中其实记录了我们一个时代的文明理念、文化理念、经济方式、科技水平和生活方式。我们之所以是方盒子，是因为我们这个社会在过去那个时代把好的建筑师都赶到鲤鱼州去搭窝棚了。设计业不要你有个性，最后方案都是领导说了算，其实它存在一种政治信息，是我们现在没有那样的能力、勇气来解读，但我们可以留给后人，相信后人会比我们聪明，所以我们要留档案。年轻一代或者更后面的一代，才有可能利用这些信息，能够真正地复兴中国文化。我们这代人可能只能是做一些记忆和记录的工作。

第二个就是要规范化，所以我要提议金主编刚才说的，费老师的这个书，他的书不是口述历史，自传、传记、回忆录都不是口述历史。它们比口述历史少一个东西，口述历史是要对话的。口述历史对话、挑战、刺激和寻找第四窗口，他写的只是他愿意说的，就是每个人都有选择性的记忆和选择性叙述，他已经有两道闸门在这儿。而且他的选择性记忆只能是他自己记着的，而真正的口述历史其实有点像打乒乓球这样的，每个人都会，但是要打到邓亚萍，要打到孔令辉、刘国梁或者张继科那种水准，那有无限的台阶要走。口述历史是人人都可以做都可以理解都会做的。比如我要是去做费老师的这本口述历史，他写的这个书只是浅浅的一两层，也就是说他叙述了他个人的专业的历史和他社会化的历史，也就是他的四大教育。可是口述历史更深层，如果要理解费麟这个人，理解他的作品，一定要深入他的生活史，生活史背后的心灵史、情感史和他的语言特点。而且要追踪出他的乔韩窗口，乔韩窗口就是他的第一扇窗口就是他知道我也知道，第二扇窗口他知道我不知道，第三个窗口就是我知道他自己本人不知道，因为别人对他的评价他不见得知道，但是我知道，第四扇窗口他不知道我也不知道，然后在我们的对话碰撞当中，一下子想起来了。做到这样一个火候，这个口述历史才叫一个专家级的口述历史。而不是我们拿着一个话筒往那儿一戳问你幸福吗这样，这不是做口述历史。

我刚才讲第二个要有规范，规范包括一系列法律和规范。法律的规范就是说做口述历史之前，要请律师来做一系列的授权书，授权范围你要说清楚，我们做这个口述历史第一目的是要发表，第二目的我们要存档，你不妨把敢讲的话都说出来，然后我们发表的文字经你过目，但是有些现在不宜发表，比如关于“六四”的任何东西，都留下来。因为再过 50 年它就是一个不可多得的东西。所以要有法律这么一个东西，因为任何时候受访人的这个法律权益都是由受访人说了算的，我采访过程当中一定会和他说清楚，你说的哪些内容、你家的内容和人事纠纷的内容、你的隐私内容，30 年以后再发表。比如说你 80 岁了，30 年后你 110 多了，你才允许发表，那就是这样。我们发表的只是我们采访的 1/10，或者 1/20 或者有的甚至 1/50。才 10000 字或者多少字，但我们采访的后面还有一大坨水底冰山。那些等再过几十年以后，这个社会总会变的，总会开放的，我们的孩子下一代们他们开放的时候，他们利用这些就是一个真正的宝库。所以我讲的这个是法律规范，再说还有伦理规范。就是要跟每一个采访员要签订一个道德协议，第一个就是他的著作权属于哪个投资部门，第二个就是不得向受访人和他的主管部门之外的任何人透露采访中的任何信息，别人问也不行。除非是得到允许公开的，就是每个人都要有一个保密协议，单个人单个人签的。

第三个就是一个工作流程的规范，工作流程规范就包括一个访谈人的选定，这个一定要有一个委员会的，委员会来选定哪些人是要抢救的，第一批抢救的。第二个是访谈步骤，就是访谈人选定之后你要做功课，然后写成访谈提纲，访谈提纲有一部分要包含公共题库的，就是建筑师的公共题库，就是 200 个问题所有的建筑师都得问的，或者 100 个，以便以后整理加工。因为建筑师的口述历史，它可以作为一个单独的故事，可以做一个专门的知识，也可以作为一个信息，最后它还可以作为一个数据。当我们有 100 万人的采访的时候，100 万个人在 1949 年 10 月 1 日，你在哪里，你在做什么事情，这 100 万个信息，100 万个人说 10 月 1 日的时候，它就成了一个数据。当他个人说我 10 月 1 日早上怎么起来怎么上天安门，它是一个信息，是一个个人生活的信息，他从国统区来，他从根据地来，从敌占区来，从海外留学来，每个人有不同的信息，然后再放大是一个故事，一个口述历史。

我们不知道后人会怎么去开发，所以我们要有规范，规范就是要有个人特殊的题目，就比如说费老师的个人经历，费老来自一个世家，你一定要有特殊的题目，他的伯父费穆是中国 100 年电影历史上最伟大的导演，而且是一个 26 岁就开辟了一个新的流派的导演，人的创造性和年龄没有关系。这就是比如说他有特殊性，但一定要有公共性，数据性的，所以一定要有题库。要按照一个公共的方法的规范来做，不能说我拿起来想采访谁，我想问什么问题就问，要在之前做功课。这个一开始也包括我们采访员选拔的这么一个规范，有时候也要做。我们的方法很简单，就是你不是没做过，你想做，那你做一套作业，就是从联络采访人，到做访谈提纲，然后做一个小时的采访。就是你提问的方式，你的衣着，你跟老人家打交道的这个方式，有时候无知反而方便，因为我要是问费老师，那个吉普女郎是什么意思啊，老人就来劲了，给你讲开了。但是有时候，你懂行是刺激他去深入谈论的一个方式，所以在无知和懂行之间有无数的妙谛，要由采访人自己去把握。

不见得无知完全不好，但也不见得你什么都懂就完全好。有时候你要做恰当的无知和恰当的专业，这个访谈里面有很多这样的方法，我打个比方，就刚才殷先生说到真假的问题，就这个问题，我们都有规范的，就是口述历史的罗生门是必然的，不是有一部电影就是 5 个人对同一个事件的说法完全不一样，这个是必然的，是我们共同承认的。但是在罗生门当中，我们发现他说了假话，因为人有选择性记忆，人有表演性的本能，人有公共性意识形态对自己记忆的修改，有的人甚至就被官话化了，他说出来就是官话，说出来就是套话，说出来就是空话，他没有个人语言，他失去了个人语言功能了，像这样一些话以及他为了掩盖自我、粉饰自我，最后连他自己都相信他自己编造出来的那样一个情节的，他不是故意的，不是骗人，但是他说的是谎话。这个谎话它也有两套规范，一套是采访内的规范，比如说提高音量，重复问题，沉默 5 秒钟。这个都是要告诉采访员的，就像在录音里面插了一个标签一样的，就突然把音量抬高一点，再问一遍，如果他还坚持他的意见，要记住访谈人永远不能和对象吵架，这是规则。但是你可以去提问题，不可以惹对方生气，你提问题，你沉默，你提高音量，这个是工作规范。

但是规范中，这个恰当的无知和恰当的内行，是要有灵活性的。规范基础

上的灵活性是口述历史访谈中非常重要的。光有规范没有灵活性，那就成了中国档案馆了，它就说什么都是国家机密，它完全不了解档案其实是一个社会信息，是丰富社会精神，是研究中国国情的基础。这个档案如果不开放，要完成国家文化复兴，连窗户都没有，不要说门了，连个出气孔都没有。什么都当做国家机密来保护，把档案给变成一个档案库，还停留在2000年前的认知水平上，这个真的连窗户都没有，所以要有灵活性，但首先要有规范性。

再返回来说这个无论我们用多少，我们来晚了总比不来好，我们采访工作开始晚了，总比不开始好，问得少了总比不问要好，所以我们首先是要能多问就多问一点，然后有可能的情况下，我们给它排个序。

刚才清华的贾老师说了，口述历史是非物质文化遗产，这已经成定论了，联合国教科文组织已经把 oral tradition 当做非物质文化遗产的一部分，这也是联合国教科文组织在全世界普及的一个概念，已经一二十年了，然后世界档案协会成立了这个 oral tradition，它不是叫 oral history，也就是我们采访的第一层，就是口述传承。比如对杨柳青的传承啊，包括建筑师谈建筑本身的这样一层，口述历史最浅表的这样一层，只谈谈专业话题，就是专业史的这种采访。就好像平时采访，一个人发10000字，可能就是专业史。在这个专业史下面，他是 oral history——口述历史，在口述历史下面，oral memory——个人记忆。个人记忆其实是最深层，如果要了解一个人，了解一个建筑师在设计这样一个大楼的时候的那种灵感，比如说有 100 万个因素，但其实其中有 90 万个因素是他成长历史的因素所造成的，就好比费老师的四种教育，教育了费老师在那个特定的情况下，受到了某一个特定的刺激来了灵感，所以创作了这个大楼。

教育的本身、他成长的方式、他情感的模型、他创造性的个性以及个性被压抑的情况和被释放的情况，跟这些都有关系，也就是说，不采访到 oral memory 这一程度，你无法真的去解释一个设计师和一个设计作品之间的关系。连他本人都说不清楚，我就是觉得这样就好啊，很多设计师，很多画家，很多电影人，很多导演都是这么说的，我没道理，我不知道是什么道理，我就是觉得这样好。但实际上要科学去解释它，我们现在无能为力。这个必须留给未来，能够把生理学、心理学、社会学，这三个百慕大三角里面的原理真的搞清楚以后，这估计 200 年，或者 250 年以后。但是如果没有资料的话，那后面拿什么去解释呢。

我们要做的工作实际上是这样，就是尽可能在实用的目的上前瞻一点，在规范的情况下再灵活，然后在我们的传播的前提下再归档，我就提这样一个建议。然后人员要做适当的培训，不能够你搞你的，我搞我的，基本规范也没有，可能就会走弯路，会损失掉很多的信息。然后就是用完以后你就把那个抄本立即归档，包括现场的照片，一定任何一个采访都要有现场的照片，因为你是在做证据，就是档案的档案。你的采访录是档案，在你创造这个档案的时候，你要有现场的证据，有影像的证据。因为访谈者永远是对着受访人，采访人是画面之外的，但是一定要有照片把访谈人和受访人放在一个空间里面，再注明时间。访谈规范里面还要有一个采访人手记，就是我去采访他多少次，这一天他身体情况怎么样，心理状况怎么样，谈话兴头怎么样以及我的问题设计怎么样，我问了几个蠢问题，他的心理状况，他官腔话的成分有多大，说话的热情有多高，你要做出评述。为了应对罗生门现象，这个大规模的研究，一定要研究这个人的个性。因为这个所谓不真实的信息，在历史意义上是假话，但是在心理意义上，是真实而且宝贵的。因为很多的假话就是我们社会化的结果，所以对真话和假话，在口述历史专业当中，千万不能下太简单的结论，任何一句话，都是有价值的。假如梁思成先生他“啊”这么一句，这个声音在 300 年后说不定能做出他的声音分析，能够分析出他的身体状态、心理状态。我们研究不出这个，我们留下这个声音就是了不起的贡献。

刚才贾老师说，我们这个民族真要想长进，如果没有 300 年的前瞻和 3000 年的后顾这样一个记忆，来支撑我们这样一个民族的精神的话，永远是拆了建、建了拆，永远只顾眼下，这个急功近利是一个必然，因为他没有精神可言。精神结构没有支柱可言，历史、记忆和未来，就是我们精神大厦的三条最基本的支柱，如果没有历史记忆的支柱，就都没有。所以我们只是做其中的一部分工作，然后做得比较规范一点。然后归入档案，其实我最强烈的一个建议是要归入档案，以备别人使用，流传后世，后世一定会有更高明的方式来理解和更高明的解释方法，把我们现在的一句吃红烧肉，看起来没有多大意义的东西，给解释到非常重大的这种医学人类学这样的意义。因为现在这个科学日新月异。

我们中国还是在模仿啊，还没有到创造一个学科的地步。但是口述历史我们可以做，我们至少可以尽一份力。

（中国电影资料馆研究院）

（朱有恒根据录音整理，未经本人审阅；陈鹤摄影）

防灾减灾不可缺位教训报告

石　轩

2013年1月10日晚间加剧的雾霾并没有随天亮而散去，直至1月14日早晨8时，北京的绝大部分区域还被雾霾所笼罩着，PM2.5指数始终徘徊在340~446之间，已濒临“爆表”态，此时京城已变成真正意义上的世界城市伦敦20世纪50年代的雾都了。可面对“十面‘霾’伏”，人们一定会问缘何大雾变“毒气”？可恰恰在元月10日，北京召开全市抗击“7·21”特大自然灾害总结表彰大会，虽然市委书记郭金龙强调：“7·21”灾难教训十分沉痛，要深刻汲取，但并未见到解读要如何汲取教训的文字；虽然会上宣读了表彰决定，但未对无辜遇难的79人有逝者安息、盼生者安全的抚慰；更没有对“7·21”暴雨之灾造成的118.4亿元直接损失（为北京市近5年气象灾害损失总和3倍多）及北京“7·21”暴雨致灾所凸显的管理问题的深入的交代。由此让人不能不想，眼下比雾霾更让人窒息的是应对乏力，如此这般，2013年北京果真能汲取教训、防患于未然吗？显然缺少必要的诚信。因为不能向逝者致哀，就难谈坚强地与灾难抗争；因为不能大胆客观分析应急管理缺陷，就不能使政府应急行为不再陷入公信力危机。

一、事故灾难教训总结利国利民

无独有偶，北京元月16日—17日只享受了短暂晴朗后，雾霾再杀“回马枪”，18日下午北京又陷入严重污染，尽管学界一再呼吁拨开雾霾不能“靠天吃饭”，蓝天，更不能只等大风，但实招在哪里？必须承认中国城市化高速发展的环境风险已成为再发展的暗礁，国外及国内当下的雾霾教训必须汲取。面对城市化中潜伏的不速之客，面对我国尚不明白的那么多生态安全上的“新灾”，我们切不可沉醉在过往的防灾救灾的成绩中，更不该满足于那些代价惨重的灾后救援的“胜利”。2013年元月17日全国安全生产电视电话会议召开，虽列举了我国安全生产形势“三个大幅下降”的数据，但也指出，要力求实现安全生产形势的根本好转。我以为，这是对某些变味的防灾救灾表彰活动的警示。

四川安仁5·12地震纪念馆（石轩摄于2013年3月27日）

笔者在近期读到一份北京市2012年安全生产报告时，发现仍是一份完全“合格”答卷，既有多部门联合除隐患的“护航”行动，又有集中力量整治违法行为的“打非”行动；既有在有限空间监管的安全技能训练，又有利用“互联网”实时监控的危机管理；既有企业的安全标准化建设，又有体现个性化能力的安全文化教育，但唯独没有谈到北京“7·21”暴雨致灾的深刻分析，更缺乏前瞻地对2013非典“十年”的灾难记忆的反思分析，也缺少对2013年如何在防灾减灾方面为百姓谋福利、强管理的务实举措。

事实上每每灾害事件，我们习以为常地看到，有关部门历来不分“灾种”，很少公布客观的教训分析报告。相反的，我记忆犹新的是美国在2001年“9·11”事件后，组建了“9·11”独立调查委员会，经历了20个月的取证后，于2004年7月22日正式出炉一份560项的报告，对“9·11”事件的国家政府失误责任做了9方面剖析。2012年10月29日，有美国“2012”之称的飓风“桑迪”横扫美国西北部至纽约州大部，成为美国历史上最严重的自然灾害，但相比2005年的“卡特里娜”飓风美国表现了较高的应急响应水平，避免了“卡特里娜”式灾难的重演。其根源在于美国在“卡特里娜”飓风之灾后，组织了100多位减灾专家，用时6个月，提交了能深刻剖析美国当时应急管理结构性缺陷的

四川安仁 5·12 地震纪念馆（石轩摄于 2013 年 3 月 27 日）

《“卡特里娜”飓风报告》。问题是时至 2013 年的元月，我国唐山大地震已过 37 年、汶川巨灾已 5 年、非典事件整整 10 年，我国尚未出台并形成有法律效应、代表国家权威的“灾难分析报告”。面对一次又一次的“灾难”，人们看到的几乎都是灾后救援感人事迹的赞许声，是将事故当做英雄故事讲的表彰声，永远难看到真正的教训与借鉴之声。这种忽视教训与经验的做法本身，不仅是应急管理及法制建设的缺位，也彰显了我国城市防灾减灾管理观念上缺位的责任意识，它们是造成城市“小灾酿大祸”的真正根源。何为总结教训有多重含义，至少它要从失误与过错中取得经验，在穿越历史和现实中“吃一堑，长一智”，从教训中反省获益。若从减灾哲学上讲，总结教训是用逆向思维、辩证的方法、联系的观点，对事故灾难的正反面予以由表及里的分析，城市防灾减灾的应急管理唯有不断地以反求诸己的精神在教训中探寻规律，才能有效地开创安全发展的未来。

二、三思灾难教训报告的内涵

其一，总结防灾减灾教训，要问为什么迄今没有树立正确的灾难观。综合减灾理念宣传了这么多年，为什么还孤立地看待并处置“灾事”。事实上，对于任何短暂时间的平安局面，要时时保持忧患意识。就在 2012 年年末，国家安监总局报道全国事故平稳，但自元月 1 日杭州市萧山区临港工业园区发生火灾起，新年的喜悦毁于一把把无情的大火之中。这说明，当代的灾害观是城市可持续的理念之一，防灾减灾不可有丝毫懈怠。大量调研表明，错误的灾害观是，只要火烧不到自己就不知道危险的存在。迄今全国各地绝大多数的商场安全出口门紧闭，大型超市或在地下场所、或空间超大、或出口通道狭窄，完全缺少足够保障的消防灭火设施，全国数以万计的 9 层以上居民住宅楼自身消火栓或灭火系统的完好率不及 20%，几乎丧失楼宇自救逃生的能力，这是多么现实而严峻的事故消防隐患，居民楼一旦发生火灾将造成难以遏制的群死群伤，此种认识不提升，“美丽中国”只能是口号，灭顶之灾迟早会到！其二，总结防灾减灾教训，要反省为什么我们不知城市盲目规划建设会酿下苦果。如城市人口的无序发展，城市规模的无限扩张，城市规划的缺乏本质安全等都加大了“大城市病”。在“北京 2012 年城市国际化论坛”上很多专家认为，照现状管理水平，北京人口将超过 3000 万，甚至会达到四五千万人。对此有专家虽表示控制规模不如创新城市规划，但他们并未从城市屡屡发生灾难是因为规划欠到位、城市应急管理不控制安全容载率等方面找原因；2012 年 12 月末北京又新辟 4 条地铁，无疑令出行更方便，但 2013 年 1 月 8 日，昆明地铁首期工程车厢脱轨，造成 1 死 1 伤的事故又一次警示北京，让我们想到北京地铁曾经的事故案例。截止至 2012 年 10 月，我国城市轨道交通已达 15 个城市、62 条线路，总里程达 1800 公里，可地铁事故频发：施工阶段塌方、透水、地陷，运行阶段站台漏水、调度失控、火灾隐患等，都告诫城市规划建设者及管理者，要从一次次教训中警醒，城市地铁“热”背后可能隐藏着更大的事故点，如何真正将城市安全防灾规划落到实处，如何在反省每一次事故灾害时真正找准隐患点，让观念不再麻木，认清事故灾难风险源就在身边，都是提升市民与官员安全文化的需要；再说作为公害的雾霾，不能不说人为排放是加剧雾霾的主因，同时它更告急城市发展之忧。今天让人窒息的脏空气、毒空气逼着人们

北川中学纪念馆（石轩摄于 2013 年 3 月 28 日）

北川中学迎接考试的高中学生（石轩摄于 2013 年 3 月 28 日）

思考粗放式发展与自私的现代文明积累的恶果，这正是 GDP 数字有多虚高，今天的 PM2.5 数字就有多高。只有仰仗老天的大风才可驱散的雾霾，既是对现代生产触碰自然底线的警告，也是对城市规划的合理性的检验，重要的是城市管理者要汲取教训，不应被风吹雾散后的城市所遗忘。要切记降低 PM2.5，没有一座城市能成为独善其身的“孤岛”。从深层次看，一次重于一次的雾霾天气及其对城市全方面的危害，是人们不科学、不合理的城市化发展的后果，是人们不顾生态环境，追求 GDP 增长的代价，更是大自然对不文明、不道德的生产与消费方式的报复，极端天气频现，拷问着人类的生活方式。“美丽中国”需要蓝天相映，更需要在综合减灾理念下的城市“灾情”的综合防御。其三，总结灾难教训要依法办事、按科学规律办事。2013 年 1 月 1 日起，公安部交管局为遏制因闯红灯肇事导致交通死亡率上升，推出“史上最严交规”，即处罚抢黄灯者，仅仅施行 3 天，公安部就做出退让，从而使严肃的法规成为“史上最短的公共政策”。在人们看到损害了公共政策制度尊严的同时，稍稍反思便发现，“新规”叫停不仅有网络民意的分量，更有科学合理的成分。某媒体组织专家测试：离黄线 5 米，时速 20 公里的车也会刹不住而闯黄灯，因此呼吁要设法让绿灯也闪起来。要特别提及的是，仓促上阵的、假以安全名义的“新规”暴露了整个社会的准备不足，此举违背了科学常识，无法预知的突然停车势必使追尾事故猛增，司机时刻想着、估计着绿灯何时变黄灯，势必降低行车时的路口通过率，加剧城市本来已不堪重负的拥堵现象。此外，“新规”叫停，一方面拷问为什么各地交管部门没有认真准备好，

采访组与北川中学校长刘亚春交谈（陈鹤摄于2013年3月28日）

就强行让公众执行，另一方面也透视出这项道路安全的“新规”是多么缺乏调查研究呀！由此自然联想到中国在防灾减灾立法上虽不如发达国家完善，但我们也正在健全着防灾的法制管理，问题是为什么我们的防灾立法、应急预案至今都还形同虚设呢？这不仅与缺乏经验有关，更与长期以来反感汲取教训，喜欢“辩证”看事故的报喜不报忧的陋习有关。如果说可以用文化涵养城市，那我更想说更新观念是城市安全发展之魂，其重要表征是我们敢不敢放下“架子”，调整心态，真正用制度与法规约束“灾事”。灾事处置要按“预防优于救援”的原则，多些可公布的政府减灾教训报告，少些对灾民心态有刺激的表彰会；真正将城市发展与规划建设的思路调整到安全减灾上。常备不懈是指城市安全减灾没有“非汛期”，因此，建言要在国家《突发事件应对法》中增加“灾难报告分析公布制度”的机制，还要在敢于分析大量看上去是自然之灾的人为灾上下工夫，因为天灾难料，但人事可为。不如此，官员就不知晓如何对“灾事”负责，城市平安更将永远是一句空话！

2013年元月

（城市灾害学者）

解析《园冶》六字真言

顾孟潮

研读《园冶》多时，这部奇书使我至今仍觉得需要继续下工夫去探寻它的内涵宝藏，我总有一种深山探宝的感觉，几乎每一次读它都会有新的发现。特别是《园冶》的作者计成在“兴造论”开篇中写下的“因、借、体、宜、主、费”六字，被我称为“六字真言”，我以为这六字真言是全书的总纲。其关键词可概括为“思维特征、言简意赅、因果链系统、点到为止、诱人入境”。

《园冶》“六字真言”的魅力在哪里呢？

是否可以认为，它既有语言的魅力、内涵的丰富、逻辑的力量，还有引人入胜的境界的神秘？

在《〈园冶〉所展示的设计思维特征》一文中[1]，我虽然讲到了“六字真言”是中国思维特征的集中体现，但仍感言犹未尽，故又写此篇。

“因、借、体、宜、主、费”这六个字中的每一个字，不仅本身内涵十分丰富，可以一当十、以一当百，而且，计成在这里把每一个字都当做动词看待，督促我们去“因”、去“借”、去“体”、去“宜”、去“主”、去“费”！

因此，如果只把这六字当做名词，当做手法，那将与《园冶》作者的原意擦肩而过。

我为什么这样说呢？

先看看《辞海》[2]对这六字是如何解读的。

因——缘故；原因；因为；沿袭；依据；犹如；姓（第762页）。

借——凭借；依靠；假托；假使。《辞海》在此条特别摘引了《园冶》

论及十种借景的一段话（第 250 页）。

体——身体；部分，别于兼（全体）而言；物质存在的状态；字体；文体；体制；与“用”相对；语法范畴；几何上的三度形体；古时称占卜时的“体无咎言”；体验；实行；设身处地为人着想；亲近；成形；分别、分解；通“礼”，见“体貌”（第 228 页）。

宜——菜肴；合适、相称；谓适宜的事；犹“殆”、危险、将近、差不多；应当；姓（第 1013 页）。

主——君、长；主人；物主；事主；掌管、主持；事物的主体；要素；主张；公主的简称；旧时为死人立的牌位；犹太教、基督教等对所信仰的神的称呼；姓（第 1201 页）。

费——费用；花费、耗费；烦琐；曝晒、晒干；古地名；姓（第 1433 页）。

可以看出，此六字本身十分丰富，其含义不是加一个注释或者译成白话文就可以说清楚的。它们都有其“经典”的层次，需要通过该字上下文的语境来解读、体会，方能把握该字此时此处的准确含义。

在《园冶》的设计思维中计成对“六字真言”有进一步的解读。

* 因：要“精而合宜”。“探奇”、“寻源”，“因借无由，触景俱是”。

* 借：要“巧而得体”。“借景有因”，“借景，林园之最要”，“远借、邻借、仰借、俯借，应时而借”。

* 体：要“构园得体”。“地偏为胜”，“景到随机”，“虽由人作，宛自天开”。

* 宜：要“随宜合用”。“大观不足，小筑允宜”，“得景随形”，“相地合宜”，“相间得宜”，“格式随宜”，“低方宜挖”，“构合时宜”，“宜亭斯亭，宜谢斯谢”，“方向随宜”。

* 主：要“能主之人”。要“传于世”，“三分匠、七分主人”，“第园筑之主，犹须什九，而用匠什一”。

* 费：要“节用”，不要“惜费”。

“六字真言”的思维特征有如下几点。

（1）言简意赅——以一当十，所以解读翻译要特别认真，必须把一和十分析清楚。

（2）因果链系统——字字在“开源发流”，关键在探寻源在哪里，才能“因”之、“借”之。
（3）点到为止——《园冶》是“启发式读本”，目的在授人以“渔”，没有标准答案。供人们学习作者的思路，这是大师的教学法，“师傅领进门，修行在个人”。
（4）诱人入境——用现场感极强的文学描述相地、立基、屋宇、装折、借景的全过程，目的在于帮人们学会入境体验、自谋经验，领悟及启发有关风景园林设计建造的理解和想象。

因、借、体三字是指“入境”（进入物境、画境、悟境）的过程中，到“宜”字时已开始立意和拍板，认定“随宜合用”（从适用出发），“因境而成”，“裁出旧套”“小筑允宜”则“除旧”和“小筑”。
而“借景”为“林园之最要”，是因为“景”为“园魂”。借景要做到“精而合宜”是难度极大的事情。
在《园冶》一书中，出现频率最高的字是“宜”字，在“宜”字上体现“能主之人”的艺术眼光、品位和设计建造水平。
相地时计成说：“此制不第宜掇石而高，且宜搜土而下，令乔木参差山腰，蟠根嵌石宛若画意；依水而上构亭台错落池面，篆壑飞廊，想出意外。”其立意、拍板的准确生动跃然纸上，真高人也！

《园冶》对中国园林有着承前启后、继往开来的贡献。正如夏昌世先生指出：“当日的条件问题，盖园林规划全由主人决定，却不通诀窍，而实际操作则为匠工，虽胸有丘壑，惜不识一丁点儿，难为文以传。若非计成、李渔等人精通其技，能诗善画，又富有实际经验，著书立说，则悠久的园林造诣将失传，而无从谈发扬了！”[4]
《园冶》一书充分体现了汉语的优势。
《园冶》仅仅用六个字表达了如此丰富和高深的内涵，充分体现了汉语的优势，读此 14500 字，绝不亚于那些洋洋数十万言的所谓“巨著”和高堂讲章。汉语是智慧的语言。
从“六字真言”可以看出，《园冶》的作者计成已经隐隐地感觉到风景园林学（计成是“造园”术语的创始人）作为环境艺术的特征——中介性、生态性、场所性和磨合性。关于这个问题笔者拟另文讨论[5]。

感谢陆续出版的多种《园冶》研究注释本作者诸多的贡献，但也有一些遗憾。

如《园冶》[4] 第 18 ~ 19 页，对“自序”的译文中，把两处的“宜”这个字不用，是十分可惜的做法，不如不译！“千古未闻见者”译做“自古以来都没有听到和见过的著作”，实在令读者扫兴，译者把读者视为何人？

又如，计成创造的“能主之人”这个术语，并不等同于“设计主持人”，而多本《园冶》注释者都犯了这个毛病。“能主之人”包括“设计主持人”“施工总负责人”，“管理者”等含义，说明计成对园林设计施工、管理指导负责人的重视，重视他们对风景园林设计得失的灵魂作用。不能因此给计成扣上“轻视劳动人民”的帽子。设计者，施工负责人和管理者也属于“劳动人民”。

可惜，这段真言到注释中变得索然无味，特别是失去了两个“宜”字和“小筑”、“千古”这几个关键词。为了通俗易懂这样做，在“信、达、雅”三字翻译追求上皆有损失。

参考文献

[1] 辞海编辑委员会 . 辞海 [M]. 上海：上海辞书出版社，1985.

[2] 计成 , 李世葵 , 刘金鹏 . 园冶 [M] . 北京： 中华书局 , 2011.

[3] 夏昌世 . 园林述要 [M]. 广州：华南理工大学出版社，1995.

[4] 顾孟潮 . 中国当代环境艺术的崛起 [M]. 北京：中国人民大学出版社，2006.

（本文在编辑过程中适当做了文字处理）

（中国建筑学会教授级高级建筑师）

柯布西耶的创新精神永垂不朽

——读K.弗兰姆普敦的《勒·柯布西耶》

张钦楠

自从勒·柯布西耶于1965年去世以来，关于他和他作品的评介书籍不断问世，据说在现代主义建筑大师中，只有赖特和阿尔托可与之匹敌。但是，由英国的泰晤士—赫德逊公司在其"艺术世界"丛书中再增添当代建筑评论权威肯尼思·弗兰姆普敦所撰写的《勒·柯布西耶》一书，却值得人们注目。

"艺术世界"丛书是一套全面覆盖各艺术领域（包括建筑学）的学术性和可读性均很强的系列读物。据了解，我国三联书店已购得其简体中文版的版权，并已出版了好几本，包括《鲍豪斯》、《现代建筑源泉》等。之所以要在21世纪开端之时出版由学术权威执笔的、评述离开我们已近40年的柯布西耶的专论，其原因可用作者本人的话来说："在新世纪开始之际，随着我们对他的全部成就的知识不断累积……我们更有理由感觉到我们将始终无法穷竭他迷宫式的产出范围……"可以断言，关于柯布西耶的研究和评介，将继续不断地出现，这是因为他的探索代表了20世纪各国、各代建筑师的群体探索，并且作为遗产延续到新的世纪。

"建筑师、城市学者、画家、装帧设计师和作家、辩论家与神秘学者"是弗氏对柯布西耶的描述，其中最突出的可能是建筑师和画家两项。据说，1942—1952年，他每天早上从事绘画，下午则做建筑设计；1953—1965年，他去世之前，则改为上午做建筑设计，下午作画。弗氏写道："他的建筑的秘密孕育在他的绘画之中。"也就是说，柯布西耶始终是以一个艺术家的精神来对待建筑的。

贯穿于弗氏全书中的一个主要议题就是"柯布西耶的方法中一个无可抹杀的方面就是对立面的调和（reconciliation of opposites）。这些对立

勒·柯布西耶

面包括：建筑艺术与工程技术（形式与技术）、建筑美与“工程美学”、古典主义与现代主义、乡土风格与现代技术、建筑与景观、建筑与城市等。可以说，这些对立面是历代建筑师，特别是工业革命以后的建筑师始终面临的永恒课题。而柯布西耶之所以被人们不断地研究和分析，正是因为他从不回避这些矛盾的存在，而是以一种贯彻始终的创新精神来寻找这些对立面的交合点。

作者用 240 页文字（包括详尽的参考文献目录）、191 幅插图（有不少是过去不常见的）、分 14 章（包括导言）高度概括地评述了柯布西耶的一生和他的主要作品（包括建筑与绘画）。他用时间和主题相结合的方法先后介绍了柯布西耶的成长时期（1887—1920 年）、20 世纪 20 年代、20 世纪 30 年代到第二次世界大战期间和大战后到去世等四个主要时期的发展，使柯布西耶以“四维”的形象出现在我们面前。

成长时期

勒·柯布西耶（原名查尔斯·艾杜瓦德·让纳雷）于 1887 年出生在瑞士的拉肖德芳镇（人口 27500），父亲是一名钟表装饰匠，母亲教钢琴。他在瑞士如画的风景中成长，受家庭中手艺和艺术气氛的影响，又有艺术家、建筑师勒普拉特纳老师的精心培育，使他在 19 岁就投身于建筑设计，在家乡设计了第一幢住屋。

他成长中一个重要因素就是广泛的旅行：意大利、德国、奥地利、法国，特别是 1912 年去“近东”和希腊（在这次旅行中他画了 300 幅素描，拍摄了 500 张照片，这在其生后以《去东方的旅行》为名出版）。
所有这些的结晶是他在 1915 年（28 岁）提出的“多米诺体系”。这是他以后所有创新的起始点。

20 世纪 20 年代

1917 年，30 岁的 C. E. 让纳雷移民巴黎。在 1918 年，他与艺术家 A. 奥尚芳结为密友，共同发布了《在立方主义之后》的宣言，在 1920 年创办了《新精神》刊物。当年，他开始用勒·柯布西耶之名，并与其堂弟皮尔·让纳雷成立了名为 35S 的设计事务所。从此，他在理论和创作两方面进入了一个极有原创性的时期。
在理论方面，他 1919 年开始写《走向新建筑》，并于 1923 年出版。这是一部现代建筑的宣言书，他在其中赞扬了飞机和轮船等的机器制造技术和艺术形象，提出了颇有争论的“建筑或是革命”的口号（其实恰恰是他的建筑学思想才是真正的革命）。然而，弗兰姆普敦特别指出，在这本书中，尽管他对飞机和轮船给予了很高的评价，然而，他的艺术家精神却使他始终对“工程美学”和建筑美做出了区别。此外，弗氏还引述了柯布西耶 1920 年在《新精神》第 4 期中对《立方主义之后》重写为《纯洁主义》一文中提出的两种艺术感受的论点：第一种感受是普适的、柏拉图形式（纯洁主义）的，这对他来说是第一位的；而第二种感受则来自特定的文脉（或文化语境）。他说：“一种只以第一感受为基础的艺术，……将被剥离所有足够的人文响应，而成为一种装饰艺术……而那种只以第二感受为基础的艺术……将是一种没有造型基础的艺术。”我们可以认为：正是这种辩证的认识，使柯布西耶保持了创作的丰富性，区别于后来“国际风格”派现代建筑的单调和贫乏感。
在实践方面，这是柯布西耶才思横溢的阶段。在“多米诺体系”之后，他先后做出了用拱券的“莫诺尔住宅”体系（1919 年）、独立式的“雪铁龙住宅”（1920 年）和集合式的“不动产别墅”等模式和拉罗契住宅（1923 年）、新精神馆（1925 年）和奥尚芳住宅（1926 年）等单项设计，最终归纳为他的《四种构图》（1929 年）以及库克住宅（1926 年）和伽西住宅（1928 年）的设计。在《四种构图》（自由体、压缩纯洁体、框架内自由体和纯洁内自由体）中，他显然倾向于第三（以伽西住宅为例）

和第四（以后来的萨伏依住宅为例）种。

20 世纪 20 年代是柯布西耶“全方位出击”的时期，除了住宅以外，他在城市模式、室内装修和公共建筑设计方面都提出了一系列主张。在城市模式方面，他先后提出了“当代城市”（包括周边式的 bloc à cellules 和开放式的 bloc à redents 两种集合住宅的形体）、“邻里规划”和“光辉城市”（又称“明天城市”）等设想。这些设想虽然未能实现，并且由于它们对老城的漠视而受到各种批评，但是其创新及探索精神仍值得肯定。在室内装修方面，他在理论上区别了“需求类型（besoins–types)”、“家具类型 (meubles–types)”和“人肢实物 (objets–membres humains)”等层次，并与女设计师夏洛·佩里安合作设计了一系列属于后一层次的“人肢实物”（包括包围式沙发、可倾颠靠背钢管椅和综合柏拉图纯洁形式与人体形状的躺椅等）。在公共建筑设计方面，他寻找住宅和宫殿设计中的共同点，在 1926 年提出了著名的《建筑五要点》，包括托柱、自由平面、自由立面、横向条窗和屋顶花园等（以同年的库克住宅为典型代表），并在 1928 年出版了《一幢住宅、一座宫殿》一书，把五要点扩大到公共建筑（以 1927 年的国际联盟方案为典型）。

弗氏指出：“……他 20 世纪 20 年代的争论性创作，终结于他所看到的存在于宫殿的纪念性和住宅的方便性之间的传统对应性以及他所发明的以自由平面 (free plan) 来综合前者的风度和后者的方便的途径。”值得注意的是：他的“自由平面”已经从室内扩大到室外，在国际联盟的方案中，他把一些由功能决定的“要素”（如书记处、会堂等）根据地形及景观组合成不同的平面布局。

20 世纪 30 年代到第二次世界大战期间

在 20 世纪 30 年代到第二次世界大战期间，柯布西耶的思想随着 20 世纪 20 年代末西方国家经济大崩溃而发生了变化，他开始怀疑机器时代技术的万能；同时，由于他的声誉已跨出国界，他得到了来自（除了美国）苏联、捷克、拉美（特别是巴西）、北非等各地的委托和邀请。柯布西耶由此接触了不同气候特征和不同经济发展程度的国家和地域，在设计上也做出了不同的反应。在这里，他的两级感受得到了重要的发挥。他的所有设计，不管在任何客观条件和功能要求下，始终保持了他“纯洁主义”的基础（在某种程度上与古典主义有所联系，如黄金比例等）。于是我们看到带托柱的苏联消费合作社大厦（Centrosoyuz，1928—1935 年）、同样带托柱的巴黎城市大学的瑞士学生馆（1930—1932 年）以及在他咨询下，由 L. 科斯塔和 O. 尼迈耶等设计的、带遮阳板的巴西教育与卫生部大楼（1936—1943 年）等。
在 20 世纪 30 年代，我们可以看到柯布西耶的两个极端。其一是对机器时代技术的继续追求：表现在他为里约热内卢和阿尔及尔设想的高架公路和建筑构成的蛇形带，其中北非的奥布斯规划在高架公路的上（1 2 层）下 (6 层) 各设 5 米高的建筑层，其中可建造各种住宅及服务建筑。与此相似的是他在巴黎和日内瓦设计的一些单项建筑中采用了当时还未能实现的中央空调、双层玻璃幕墙等到 20 世纪 50 年代以后才实现的新技术。而其二是在智利（埃拉朱里兹住宅，1930 年）和阿尔及利亚（佩里萨克住宅，1940 年）的设计中采用的“中间技术”，如乱石墙、拱券顶等地方材料和构筑技术。这些“中间技术”后来也运用于发达国家中的设计中，如 1935 年的周末住宅和 1952—1954 年的亚沃尔住宅。

在城市模式方面，除了他为巴西和阿尔及利亚大胆设想的蛇形高架公路——建筑带外，柯布西耶的理想城市也发生了重大变化。在 1945 年出版的《三种人居模式》（*The Three Human Establishments*）中，他综合了苏联米留金的线性城市与德国 W. 克里斯塔勒的三角网络系统，提出了城乡体系的三个组成部分：①包络在三角形内的农业地区；②构成三角形边的工业线性带；③占据三角形交角的交换区。

大战后到去世

第二次世界大战结束时，柯布西耶已经 58 岁，进入了思想趋于更复杂、更成熟的阶段。早期对机器时代技术的迷醉已让位于一种弗兰姆敦称为“泛神论的精神性 (pantheistic spirituality)”。我们或许称之为一种跨文化、跨时代的综合性。这个时期出现了柯布西耶最著名也最有争议的传世之作。在住宅方面，有迄今为止最成功的集合住宅：马赛公寓（1946—1952 年）和随后的几幢类似的“人居单元”。在宗教建筑方面（尽管他很不愿意承担此类建筑），有综合阿拉伯游牧民族帐篷式临时神庙和当地乡土风格和材料而形成的独一无二的朗香教堂（1950—1955 年）以及以他在成型年代访问过的埃玛修道院为基础的、巧妙利用场址中的陡变地形、综合了独居的私密性和集体活动的公共性这两个人类基本生活方式的拉吐莱特修道院（1957—1960 年）。在城市和公共建筑方面，则有争议性更大的印度旁遮普省新首府昌迪加尔的中心区和生活区的规划设计。前者以书记处、高等法院和议会大厦三座雕塑式的建筑为主体，后者以美国规划师 A. 迈耶的方案为基础，采用了以方格网状的宽马路分隔成块的基本格局。除此之外，在这个时期，他在印度的艾赫迈达巴德留下了十来幢大小不同的建筑，有萨拉巴依住宅（1955 年）、肖登住宅（1956 年）和工厂主协会大楼（1954 年）等；在美国主持了联合国大厦的方案讨论，设计了哈佛大学的卡本特中心（1961—1964 年）；在巴西设计了法国大使馆方案（1964 年）；在意大利设计了奥利维蒂电子中心（1962—1964 年）和威尼斯医院方案（1964 年）等。他的去世使他的某些设计未能建成，但是，正如弗氏所说的，人们现在关注的是他的思想和构思，而不在乎是否建成。正因为如此，他生后出版的八卷本作品全集，成为被建筑系学生最广泛阅读的书本之一。

在他去世前不久的 1965 年 5 月，柯布西耶接受了 H. 德萨尔的采访。他声称自己最喜爱的两名作家是法国的拉伯雷和西班牙的塞万蒂斯。前者富于幽默和勇敢；后者描写的堂吉诃德在注定失败的前景下仍不屈不挠地前进。事实上这就是柯布西耶为后世留下的不朽精神。我们不可能赞同他所有的观点和作品，他的许多成功是必然的，有的也带有偶然性，而他的失败却包含了最可贵的英雄主义。正是这种精神将鼓舞着 21 世纪的建筑师们去面临今日的挑战。

（原中国建筑学会副理事长）

评论要改变诉说问题的视角

金　磊

写作是思维的行动，但重在要改变观察问题的角度，传播独有的洞见。整个癸巳年春节过后的正月里，比堵车更凶的是短信“淹没”了中国，其传送最多的是令人开心的祝福语，“两会”前夕细思量，真有那么多让你乐而无忧的事吗？2013年3月1日《光明日报》有篇文字“沈阳九君子与国联调查团”，它旨在怒斥日本要将钓鱼岛当做世界文化和自然遗产向联合国申报，告诫国人要铭记住历史上的抗战者。当下，多一点“问题意识”乃现实所求、事业所需、行业所呼。2月27日6时许，湖北老河口市某小学发生因拥挤引起的踩踏事故，造成4死7伤。在充分看到我国城镇化水平从17.9%提高到51.27%的成绩面前，是不是要高度重视当前存在的问题，防止城镇化的“高速列车”绕到弯路上去，城镇化不应成为“造城运动”的借口，城镇化不应为占用耕地开“绿灯”。据我国首部老龄事业发展蓝皮书发布到2013年老龄人口将达到2.02亿人，老龄化水平为14.8%，不仅“未富先老”日益凸显，失独失能护理更难，“适老化”改造与建设已是迫切问题。华夏多地的浓雾还未散尽，一场影响北方多地的沙尘天气突然降临，它再次触痛了国人的神经，其内涵直逼快速的城市化与工业化发展。住建部与国家文物局联合发文对聊城、邯郸、随州市、寿县、浚县、岳阳市、柳州市、大理市文保工作不力予以通报批评，这是有关部门对历史文化名城保护亮出的第一次“黄牌”，说明“拆旧仿古”之风在频频上演。

2月28日本编辑部在中国建筑图书馆举办第一次文博界与建筑界共同参与的“口述历史”茶座，它旨在赋予行业历史更多话语权，旨在系统地发出一个号召，业界该抢救弥足珍贵的设计思想之文化遗产。3月2日本刊与重庆市设计院的“文化重庆·建筑特色”茶座举办，它是一个充满城市魅力、旨在服务于历史与未来的多学科交叉“论坛”。而2月26日在河北省院郭卫兵总建筑师召集下的“两刊”建筑师茶座，围绕“文化建筑”的一系列问题，做了开放式研讨，让我在理解着河北省院的设计作品时，也悟出了其中的关键词“思想”，竟然有那么多《新田野考察报告》及“建筑师茶座”的“粉丝”，让我在感慨时，又坚信着职业者传播的力量。

年年柳色，今又春天，那茵茵绿意，使平畴大野上洋溢起无限生机。评论渴望一代直言者，评论更期盼有那岁岁春风的生命树。虽越来越不可思议的雾霾质疑了“美丽中国”梦，但万物皆有灵，没有春天，是可以创造春天的！在一系列热望与沉思之间，我们可重写，可再解读；可点评，也可把脉；可对现实悖论城市图解，更可感受春暖花开的纯真与豁达。作为对建筑界的启示，2月末上海文艺工作会透露“原创”与“评论”可形成良好互动氛围，其要义是倡导建设性批评，从而催生精品创作。对此我以为，城市不是土地、建筑与人口的简单叠加，它是特殊的资源聚合，城市哲学与城市批评的目标不仅在于阐明什么是合理的城市发展观，在于发现何为合理的城市研究方法与城市视阈，更在于找到何为合理的城市价值与城市意义。为此，学界热议如何作为才能有效打造学科集群，这不仅需要突破学科限制，更要加大交叉研究。也就是说，城市问题的观察者不仅要建构起城市空间与心灵建构的有机关联，抑制那种飞扬跋扈、趾高气扬的设计趋向，还要勇于从提问开始，因为如果丧失了提问与反思，何谈道德和信任，何谈评论真相的触动与事件的宽恕。我与“造城”大同市长耿彦波有过接触，2010年4月他邀《建筑创作》团队赴大同品鉴他的建筑遗产保护与城市化发展的杰作，无论怎样如今他已去太原市赴任，面对标语、旗号及挽留耿彦波的声音，我想到，公众渴望留下的并非一个耿彦波，或许是一个有着延续性的政策，有激情的工作方式乃至能有希望的未来。3月18日，日本71岁的建筑师伊东丰雄荣获2013年普利兹克建筑奖，作为日本第六名获奖者（此前的得主是1987年丹下健三、1993年桢文彦、1995年安藤忠雄、2010年的妹岛与西泽立卫团队）评委会认为：“创新”一词更适合他，他是一位具有独特天赋的专业人士，善于在每项任务及每块基地中寻找机遇，并投身于发现新事物的过程。

《中国文化报》2013年1月12日载文“山东坊茨小镇：复活古老建筑”，文章讲述了在近代史上著名的胶济铁路线上，山东潍坊坊子区是一个重要节点，随着《胶澳租界条约》的签订，大批德国人进驻潍坊后兴建了齐鲁大地上的商埠，如何面对昔日众多德日工业遗迹、铁路车站、资源枯竭的矿区，笔者与建筑文化考察组曾于 2007 年 7 月中旬便关注和考察了该地区，并以近现代建筑与工业建筑视角于 2008 年 2 月推出《山东坊子近现代建筑与工业遗产》一书，笔者在该书后记中强调："只是从建筑价值上，从文化遗产保护价值上说，坊子区的德日建筑确是应予以高度关注并投入保护的项目。"这些建筑具备作为遗产的三大特征，即原真性、整体性和唯一性，在全国都是较为稀缺的。如今，这异域遗迹引来设计家筑巢，真的开始使这些老建筑的躯壳植入灵魂，这是用创意激发潜能的成功个案。相对于山东坊子区的成功修复建设，2013 年 2 月 27 日英国媒体报道，柏林市近日计划拆毁柏林墙遗迹中最广为人知、位于柏林东部腓特烈海因区的东边走廊，拟兴建豪宅与大桥，招致民众激烈反对，批评政府及开发商破坏艺术和历史。

在当下唯真唯美的学术自由的时代，作为一本负责任的《建筑评论》就该刊出靠谱的文字，就该推出靠谱的论坛。尤其要敢于坚守，多些生动真实、诙谐、潇洒的文笔，特别要鼓励"为天地立心，为生民立命，为往圣继绝学，为万世开太平"的求道向圣的胆识与胸襟。《建筑评论》鼓励多种声音、多种机构的多元化传播，同时，它也重视 "意见领袖"的作用。由此我忆起读过邓拓（1912 — 1966 年）的《燕山夜话》，现在看来它是何等有分量的评论文集呀！当年，在革命知识份子中有那么多有才情的人物，如陶铸、田家英、邓拓、夏衍、田汉等，他们在传播革命理想时，不生搬硬套，而入情入理，只可惜他们在"文革"十年中几乎全盘覆灭了。现如今不少"大家"发表演说，基本上照本宣科，无一字无来历，无一字无依据，一串串重复套下来，很乏味，很千人一面，很千文一面。如今在邓拓百年诞辰之年（实为 2012 年）思之，不仅遥察在天之灵，更期望今后再不为学术之争而定罪。社会文化如此，建筑界旨在通过信睿的力量，确立评论的走向，使业界的《建筑评论》别过滤掉自己的立场与观点，全力唤醒内心对文化与真理的尊重之力。

《中国建筑文化遗产》杂志社总编
《建筑评论》主编
2013 年 3 月